TOP ONE LANDSCAPE II

TOP ONE 景观 II

孙旭阳 王丹文 刘琨 编

Street Square 街道广场
Courtyard Landscape 庭院景观

天津大学出版社
TIANJIN UNIVERSITY PRESS

图书在版编目（ＣＩＰ）数据

街道广场、庭院景观 / 孙旭阳，王丹文，刘琨编
—天津 ：天津大学出版社，2013.4
　　（TOP ONE景观Ⅱ）
　ISBN 978-7-5618-4663-6
　　Ⅰ．①街… Ⅱ．①孙… ②王… ③刘… Ⅲ. ①景观设
计－作品集－世界－现代 Ⅳ. ①TU986.2
　中国版本图书馆CIP数据核字(2013)第082713号

总 编 辑　上海颂春文化传播有限公司
责任编辑　朱玉红
美术编辑　孙筱晔
封面设计　宫显伟

出版发行　天津大学出版社
出 版 人　杨欢
地　　址　天津市卫津路92号天津大学内（邮编：300072）
电　　话　发行部 022-27403647
网　　址　publish.tju.edu.cn
印　　刷　深圳市彩美印刷有限公司
经　　销　全国各地新华书店
开　　本　230mm×300mm
印　　张　19
字　　数　220千
版　　次　2013年5月第1版
印　　次　2013年5月第1次
定　　价　298.00元

凡购本书，如有质量问题，请向我社发行部门联系调换

序

城市景观是城市形象的重要方面，也是城市软实力、城市竞争力的重要体现。随着我国改革开放所带来的社会、经济的快速发展和城市化进程的加快，城市景观自20世纪90年代以来受到人们越来越多的关注与重视。与此相适应，景观设计这一行业在我国迅猛发展，方兴未艾。许多大专院校纷纷设置了景观学系或开办了景观设计专业，以培养专业化的景观设计人才；专业的景观设计公司如雨后春笋，不断涌现；景观设计从业人员的数量也是与日俱增。

我国的景观设计行业蓬勃发展，景观设计水平不断提升，但与国外的设计水平仍有不小的差距。在同许多年轻的景观设计师或景观专业的学生进行交流时，他们常常提到的问题是："怎样学习景观设计？如何成为一名优秀的景观设计师？"这两个看似简单的问题，回答起来却并不那么容易，笔者以为，除了基础理论知识的掌握、设计创作与实践的锻炼外，对于经典景观作品、优秀景观案例的学习也是一个不可忽略的重要环节，是成长为一名合格的、甚至优秀设计师的必经途径。

受到经济条件和时间条件的限制，对于我们年轻的景观设计师和景观专业的学生而言，到国外对景观优秀作品和经典案例实地考察的机会少之又少，那么退而求其次，从网络或图书中进行了解和学习也是一个不错的选择。

《TOP ONE景观II》一书，是我们应此需求，汇集并精选了国外著名景观设计事务所与景观设计师的最新优秀作品，收录的百余个案例涵盖了从郊野景观、滨水景观、公园绿地、街道广场到庭院景观等景观设计的诸多类型与内容。

研读他们的作品，无异于和这些设计师进行了一次直接对话，从中我们既可以看到国外设计师对于设计的审慎态度，也可以看到他们新颖大胆的创造与构思、对空间场地的精心营造，以及对细节的巧妙处理，这些对于我们年轻景观设计师的设计水平和能力的提高十分有益。

景观设计的学习非一日之功，一本书也很难让初学者一夜之间转变为一名成熟的设计师。谨期冀本书的问世，能为景观设计专业的学生、设计师与从业人员打开一扇小小的窗口，让我们透过它，呼吸一下外面新鲜的空气，领略一下外面不一样的风景。

孙旭阳

2013年元旦于同济大学

目录

庭院景观

TOP ONE 景观 Ⅱ

街道广场

埃伯斯瓦尔德集市广场

设计单位：雷瓦尔德景观建筑师事务所
竣工时间：2007年
项目地点：德国埃伯斯瓦尔德商业区
项目面积：4 500 m²
摄　　影：雷瓦尔德景观建筑师事务所

设计理念——日常生活必不可少之地

为将集市广场打造成埃伯斯瓦尔德地区一处独具特色的文化景观，我们对集市广场进行了重新设计。改造后的集市广场得到人们的重新认识，成为当地功能性中心和焦点。附近市政厅的空间环境和功能建筑以及与新建的克雷斯豪斯大楼（县行政大楼）具有特别重要的关系。

集市广场连接过去和未来，是日常生活必不可少之地。设计仔细考虑了广场的地形与历史背景。一个小斜坡使广场朝向菲诺河，在功能上广场介于市政厅和克雷斯豪斯大楼之间。在这里，景观、历史、现代生活融为一体，是市里其他地区所无可比拟的。

虽然过去这里面积很小，变身新的城市空间后广场看上去仍不是那么宽敞。但新建的克雷斯豪斯大楼使集市广场与市镇整体互相协调。这种设计支持着市政厅与克雷斯豪斯大楼的关系。相似排列的板石条纹加强了空间上的对称感。

广场上没有障碍物，略微有些倾斜，自然地嵌入这里的地形当中。所以留心的来客会发现城市有个特别的方向，即从巴尼姆－海茨山脉朝向菲诺低地。中等尺寸的板石给广场添加了一份优雅，人们走在上面也格外舒适。

交通站点被转移到辅路上，同时设计师对集市广场上的车道进行了重新设计。

市场树林——再生空间

市场树林那平面状绿色树顶象征着这个城镇的一段历史，同时展示了现代都市空间的灵活性。伞状树冠带来一种别样的空间印象，使干道显得不那么嘈杂。

市场模块——都市服务点

市场模块是这个绿色构想的新元素，这里是一个都市服务点，根据需求也可添加其他功能模块。

市场模块可以设在公共卫生间旁，模块内可有旅游信息、售货亭或小餐馆。

第一个模块具有一项非常特别的功能：自动售货机里有著名的埃伯斯瓦尔德矿泉水，能勾起人们对这里作为温泉之城那段历史的回忆。

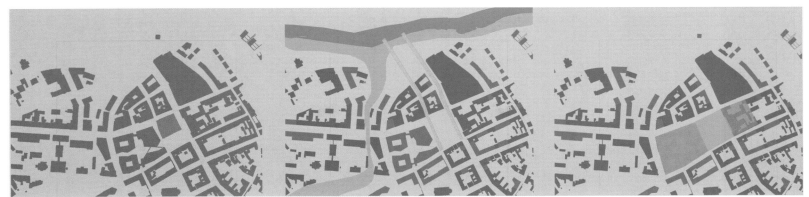

前城市市场开发区   绿化区连接带   功能区域之间的捷径

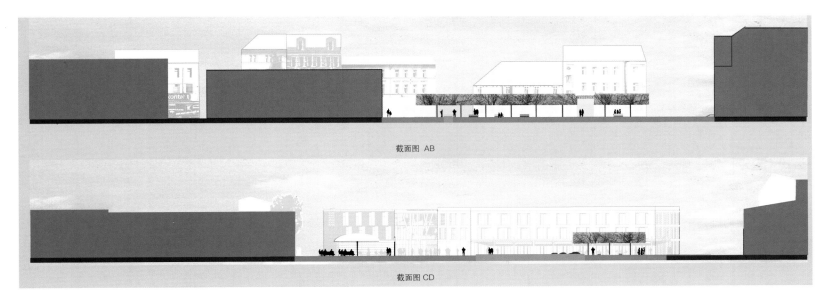

截面图 AB

截面图 CD

埃伯斯瓦尔德大街——铜、铁与沼泽相互融合　　　埃伯斯瓦尔德河道、渡船与闸门——戏水与水泵站　　　溅起的水花

城市广场

透视

木质长椅　　　　　　森林与木材理工学院带有教学设施的木质长椅　　　　　　丰富的荫凉

市场模块——凉亭

凉爽的餐饮区——无菌凉棚

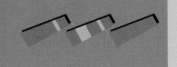

规划理念

灯光散步道

设计单位：罗伯特·乌尔巴耐克–泽勒尔建筑师事务所
竣工时间：2006年
项目面积：3 455 m²，散步道 2 015 m²
摄 影 师：基斯·克莱、迈克·藤基

灯光散步道

长廊既适合独自漫步，也适合与他人同行。独自漫步，思绪慢慢展开；与他人同行，关系更加默契。21棵老梧桐构成了一条长廊，新添的树木让这里的长廊感更加浓厚。18棵新树，两排树间设置了一条凸石廊。无论白天还是黑夜，石廊都是光与影的幕布。

为差异喝彩

一圈路缘石将梧桐树围了起来，一来保护树木不受伤害，二来说明它们的特殊性。路缘石形状各异、大小不一，有的中等，既可做人们的长凳桌案，亦可做鲜花草木的围栏。如盖的绿荫加上集中的路缘石，像是一个个小房间，是个聚会聊天的好去处。

不同人群的聚集地

每一天的不同时间段，形形色色的人群——上下班的，买东西的，老的少的，白领，一家子，都会来到这里寻找属于自己的乐园。他们有的行色匆匆，有的不紧不慢，有的风尘仆仆，有的从容等待。我们考虑开辟聚集地和空地，供人们举办小型聚会活动，同时也使树周围的人群不断更换，以此鼓励这些不同的旋律。

光的世界

提案提到多种照明方式，如树叶背光照射，人、树影子投射，让人行道上光圈斑驳，还有在花木上打聚光灯。23根灯柱，每根灯柱6～8盏灯，高高地照亮这片走廊。光线角度从5度到100度不等，从安全黄到炽烈白，颜色多种多样。每盏灯都可被视做长廊的一个元素，单独放置，随着太阳定时开关，无论是工作日和休息日，还是春夏与秋冬都各不相同。

协作精神

本项目是议会、社团、建筑师合作的专案：伊斯林顿议会的项目管理和市政工程，加上EC1 NDC对当地民众需求的了解，还有建筑师从项目竞标直至项目完成所做的努力。小组成员通力合作使项目成形，这种精神感染了承包商和议会组，承包商将项目一丝不苟地建成，议会组则对这片地区做出修整。最关键的是大众配合，这也是判断一个公共场所成功与否的关键所在，当人们能每天来到这条光廊，或散步或小聚，都表达了他们对这里的喜爱与骄傲。

未来计划

我们打算在巴斯街西部建造一个与长廊相连的少年音乐中心，长廊末端新建一座桥和TFL路标。将在老街地铁站上方种植开花树木，并且把环路区域改造成一个公共绿地的战略性计划付诸实施。

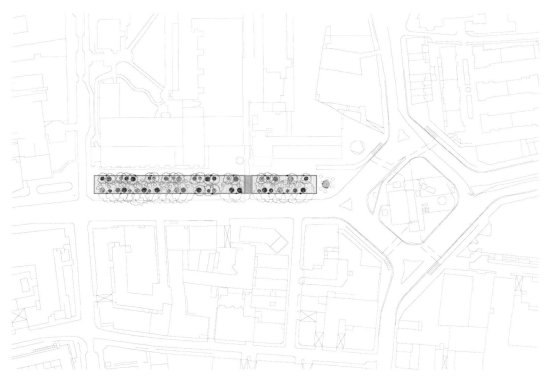

总平面图

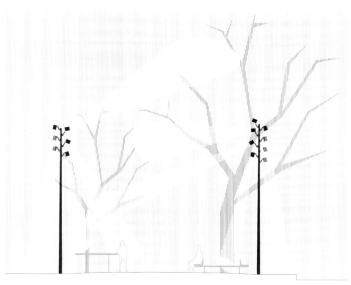

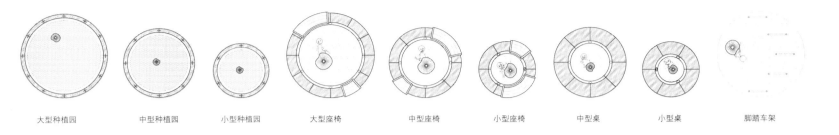

| 大型种植园 | 中型种植园 | 小型种植园 | 大型座椅 | 中型座椅 | 小型座椅 | 中型桌 | 小型桌 | 脚踏车架 |

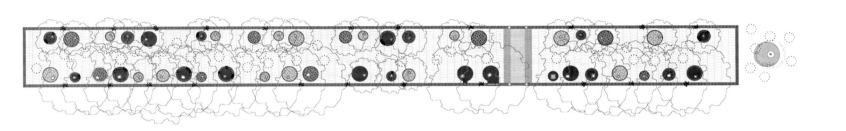

华盛顿广场

设计单位：EstudioOCA事务所
项目地点：美国加利福尼亚州旧金山市
项目面积：1 923.03 m²
摄 影 师：布莱恩·坎特维尔

  考虑到周围居住环境及现存公园的历史价值，为了在尽量不影响附近居民生活的情况下改善步行体验，我们将把地铁延伸到北部沙滩。原有的封闭园景地带和鲍威尔大街的一段道路将被人行广场所取代，广场内部设有地铁主入口、公共座椅、公共草坪和原有餐馆的户外用餐地带。我们在设计中保留了鲍威尔大街的海湾景观。

  出于建地铁的需要而迁移园景地带为我们提供了崭新的机遇：在如此重要的十字路口打造一个活力四射的人行广场。广场设计将使现存商务楼宇处在一个更开放的空间内，同时广场还可以与已有的公园遥相呼应，为大家提供更城市化、更注重公共互动的氛围。两块座椅休息区可供行人放松小憩，宽敞的空间足够让你躺在椅子上享受阳光或与好友笑谈聚会。混凝土制座椅呈环形布置，围绕着绿草如茵、花团锦簇的景观地带，其造型设计完全遵循环流模式。行人坐在这里可以充分体验公共生活。

  虽然修建广场移除了鲍威尔大街的一小段路，但却加大了人们在户外就餐方面的选择。在就餐区与地铁入口处的环形休息区之间有一大块空地，以备不时之需。十字路口人流涌动，具有得天独厚的环境优势，这块空地可以用做公共商品展卖，开小型音乐会或举行聚会游行活动。整个广场由白色混凝土搭建而成，突出了公共空间和广场活动的主体性。白天，品红色的椅子会摆出来，鲜艳的红色与整个广场形成明显色差，突出了椅子的公用特性。

街道树木
花园树木
公共草坪
停车坡道
公共座椅
地铁入口
户外就餐区

哥伦布大街　　　　　　　项目用地　　　　　　鲍威尔大街

现有区域布局

柔性区域

餐饮区

交通系统

加里波第广场

设计单位：多米尼克·佩劳特建筑事务所
项目地点：意大利那不勒斯市
占地面积：64 000 m²
建筑面积：30 000 m²

　　加里波第广场是那不勒斯市交通运输系统中最重要、也是最复杂的交通枢纽之一。这个基础设施项目包括一个地铁站，为改善这个繁忙城市空间的交通系统提供了良好的机遇。

　　两个站点共享该广场。广场包括由城市公园、绿化公园、大型水池、保护区域和大片凉棚遮盖的地下室组成的开放空间以及两边设有精品商店的开放式散步道。

　　虽然两者采用不同的结构和建筑材料，但新车站屋顶与中央车站屋顶的外观非常匹配。

　　该项目由八棵金属树木组成三种不同的图案，创造出一个灵活的多节竹林般的框架。屋顶采用由不同种类穿孔金属板以不同密度组成的巨大棱柱曲面，呈现出不断变化的外观效果。

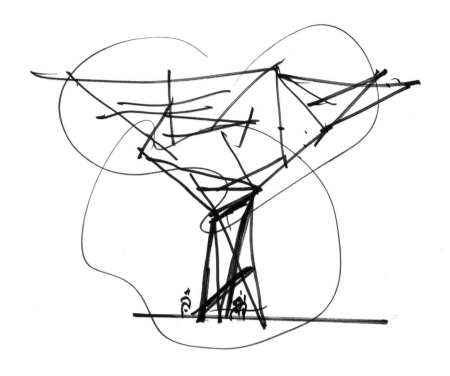

龟裂缝广场

设计单位：mag.MA建筑事务所
项目时间：2007—2008年
项目地点：意大利巴达卢科市
项目面积：650 m²
摄　　影：mag.MA建筑事务所

　　这块狭长的区域呈平坡状，被两排高楼夹在中央。小广场近似长方形，四条边道只有一条贯通整个区域，站在那里可以眺望河对岸的橄榄园。楼宇投射的阴影为小广场增加了些许深邃。广场地面的颜色如同晒干的泥巴，因暴晒而出现裂痕，好似陶器上的"龟裂纹"。谷地中的村庄就是个户外艺术展览馆，即一比一大小的巨型艺术品。二维的广场设计却给人一种三维立体感，线条深邃，地面上的龟裂纹与广场的大环境协调一致。花圃呈横向排列，不仅与广场的缓坡形成视觉对比，还使地面上的坑洼显得更宽更深，突出了这个简约空间的深邃感。设置的长凳可供各年龄段以及各种体型的人休息，小橄榄树是广场的主体景观，它们在坑洼中生根发芽，渐渐长高，未来将一直种植到笔直的河岸边。既能重建广场，又能把预算降到最低是工程设计的核心理念，这样一来，所用材料都成本低廉，例如颗粒状、颜色呆板的脱色沥青，它们既结实、使用时间又长，适合行人或车辆交通。除此之外，利用的建筑材料还有经过加固的水泥、天然铁和混合砾石。

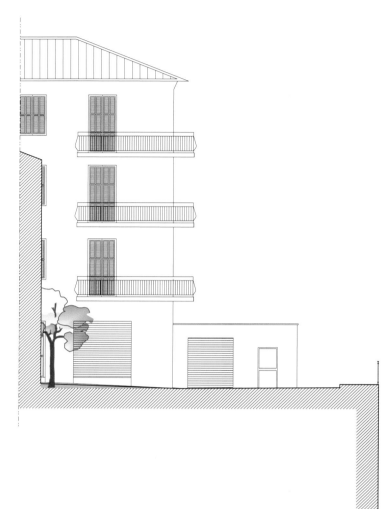

拉扎尔古戎广场

设计单位：IN SITU建筑事务所
项目时间：2005—2008年
项目地点：法国维勒班市
项目面积：10 000 m²
摄　　影：杜弗雷斯纳摄影事务所、IN SITU建筑事务所

拉扎尔古戎广场位于国家人民剧院与市政厅之间，包围在摩天大厦的中央。该项目的内容包括恢复一个铺有石材路面的步行街道以及一片大型空地。

广场两边设有双排绿化带，两座主建筑物在绿色掩映下若隐若现。市政府大楼脚下繁密茂盛的合欢树为岩蔷薇和玫瑰树花园带来点点荫凉。在国家人民剧院旁边设有开放式长廊，可以用来举行各类户外活动（如二手物品展卖、夏季狂欢、舞台表演等）。

地面上的人行横道线标志着两侧街道上的空间已经开始使用。该项目扩展了现有的两个门架，在门口处做成双藤架造型，此项设计与宽阔的城市广场十分契合。

广场中央是两个波光粼粼的倒影池，其轮廓与基座相符。池水在广场中央形成一片巨大的蓝色地毯，光鲜亮丽。艺术家菲利普法维尔用彩色玻璃在池底绘出了天象星座图。摩天大楼倒映在造型各异的喷泉中，显得越发多姿。

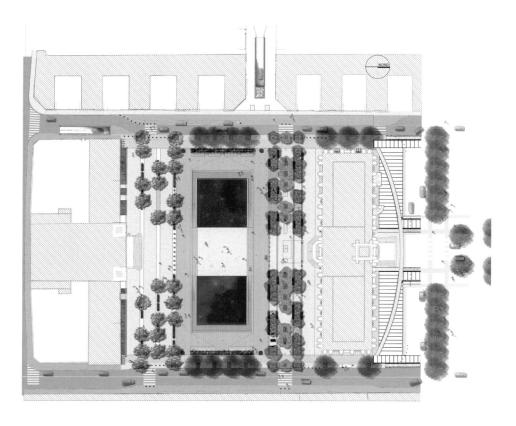

绿化广场

设计单位：迈克格雷格·考克萨尔建筑师事务所
设计时间：2008年
竣工时间：大约2015年
项目地点：澳大利亚悉尼市
项目面积：25 000 m²
摄 影 师：迈克格雷格·考克萨尔

绿化广场坐落于悉尼市中心商务区与金斯福德·史密斯国际机场之间。这块地方是澳大利亚最古老的工业区，而绿化广场占了其中的278公项土地。长期以来，广场翻修工程被认做是澳大利亚国内规模最大、也许还是最具重要意义的项目。

物如其名，绿化广场一直被视为环境工程的标杆项目，"创造永久的城市绿洲，为行人提供一个多功能、可供持续使用的城市景观"是左右设计主体潮流的重要思想之一。为悉尼新崛起的绿化广场商业中心打造高品质的公共空间是此项工程获得成功的关键所在。营建清洁的新型绿色环保社区表明工程设计人员坚决恪守环保理念。垂直风力发电机、利用可再生能源的太阳能集热器、坐落于生产绿地中的社区公园和果园以及其他投入使用的环保设施都突出了环境第一的理念。工程将方便行人放在首位，把公共交通与城市网连为一体。

"生态引擎"是环保设施的一种，它可以把水从广场地下的排水渠中抽出来，然后在广场上建造新的西斯湖，使其成为这块公共空间的主要景观带。除了营造主景观外，新西斯湖还与附近的湿地相连，这样一来雨水在流回亚历山大运河前还能得到净化。

不仅如此，经过新西斯湖与湿地净化的水还能用来灌溉，引入附近居民楼用来冲厕所或空调制冷，还能用来清扫街道。下雨时，雨水将顺着广场流入湖中。经过收集和进一步化学处理，一些水被引入广场的景观地带供孩子们玩耍。未来，新西斯湖的水还将流经伯坦尼大街地下，进入排水管道，最终注入亚历山大运河。从此，新西斯湖将永远波光粼粼，湖水顺坡而下，形成一个个小瀑布，绿化广场因此而变得更具活力，绚烂多彩。

与重建新西斯湖一样，公共广场的植被选择也参考了原有的植被种类，与此同时，我们根据广场附近公园和周边道路中的城市元素对植被布置做了相应调整。主要选自当前欧洲的当地本土植物，以伯坦尼大街或新南威尔士东部郊外的植被为蓝本。这样不仅能复原当地植被，还能加强生物多样性。为了让广场一年四季都呈现出不同的风貌，我们会根据植被的花叶属性来选择植物种类。

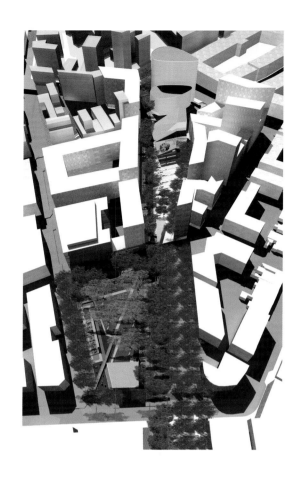

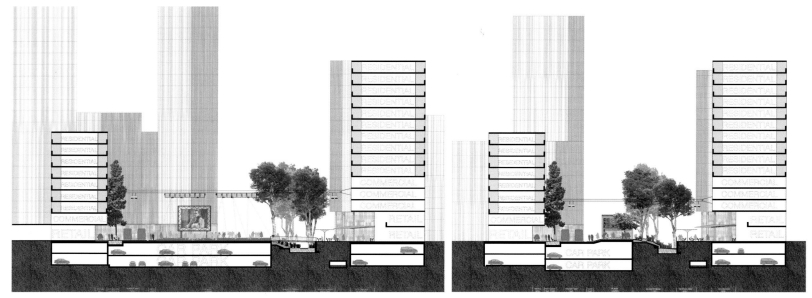

剖面图 1

剖面图 2

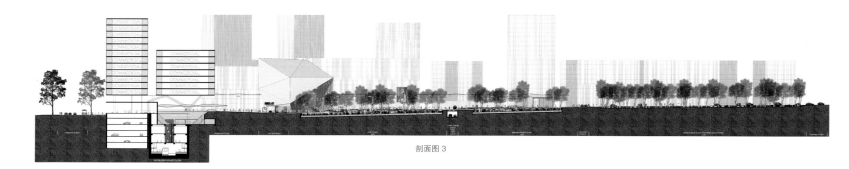

剖面图 3

剖面图 4

滑板场和体育公园

设计单位：马丁·勒加拉加建筑师事务所
竣工时间：2009年
项目面积：2 422 m²
摄 影 师：大卫·弗鲁托斯

　　该项目是一个由滑板场和体育公园组成的城市综合体（位于卡塔赫纳港的卡洛斯三世大街），在城市中的地理位置十分优越，将该地区成功打造成为一个集众多开放性公共体育设施于一体的中心。由于该项目紧邻理工大学，因此特别将其与该大学校园相互连接在一起。

　　为了向周边区域以及整个城市的居民提供新型运动设施，这个滑板场和体育公园为现代都市体育项目（轮滑、滑板、篮球、小轮车等运动）以及非传统体育活动（音乐、霹雳舞、跑酷等）开辟了适当的空间。

　　这个项目的产生是为了能够满足某些特定用户群体——轮滑爱好者们的需求，他们与项目合作，为项目提供对一般概念（如街道、轮滑碗等）以及所涉及特定概念（金字塔、花槽、带双组扶手的两层台阶等）的技术规格定义。

　　在设计时位于滑板场中心的这些元素，设计师依据每种情况下的需要考虑了相关技术/用法，即它们的几何形状和材料以及与采用的装饰（混凝土或钢材）有关的技术/用法。诸如花槽、栏杆、路缘石、台阶等项目的尺寸都是定制的，以适应其特定用途，并且根据它们之间的联系被有序地排列组合。

　　这些项目被放置在轮滑区的周围，从而开辟了用于开展体育活动、会议、聚会……的空间，这些互补的特点使滑板场和体育公园成为一块休闲娱乐区。

　　一片用藤架遮蔽的轮滑石板可供常年使用，在设计中也被勾勒为另一块休闲娱乐区。还有一个带有看台和平行通过区的篮球场，能够同时用来观看和开展这些都市体育活动，与此同时，附近的人们可以安全地行走。

　　除钢质的结构和屋顶平面以及四周的金属网围栏以外，照明设备通过其各式各样的类型及各部分的应用，成为用于勾勒空间、用途和交通模式的建筑材料之一。

　　城市艺术作品"ELTONO"的作者ELTONO通过运用他对色块定义的几何码参与了几个元素的设计，为本案周围的环境做了最后润色，并赋予整个街区一种具有创意、令人振奋的格调。

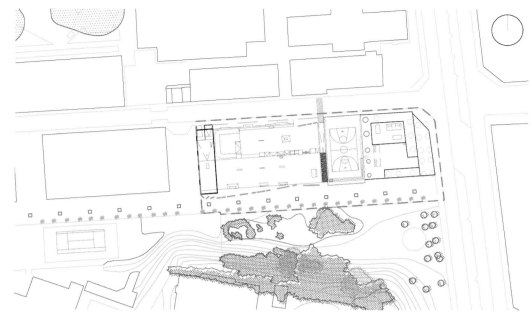

滑冰与运动公园——卡塔赫纳港

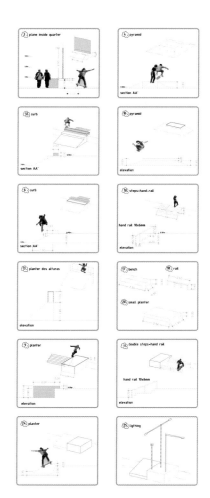

最初状态

项目规划

SK8公园

滑冰与运动公园——卡塔赫纳港

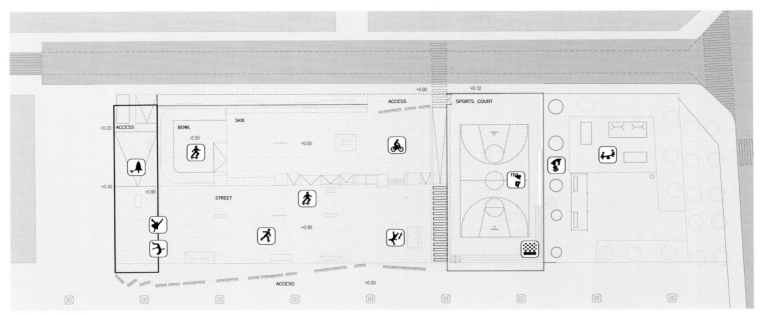

滑冰与运动公园——卡塔赫纳港

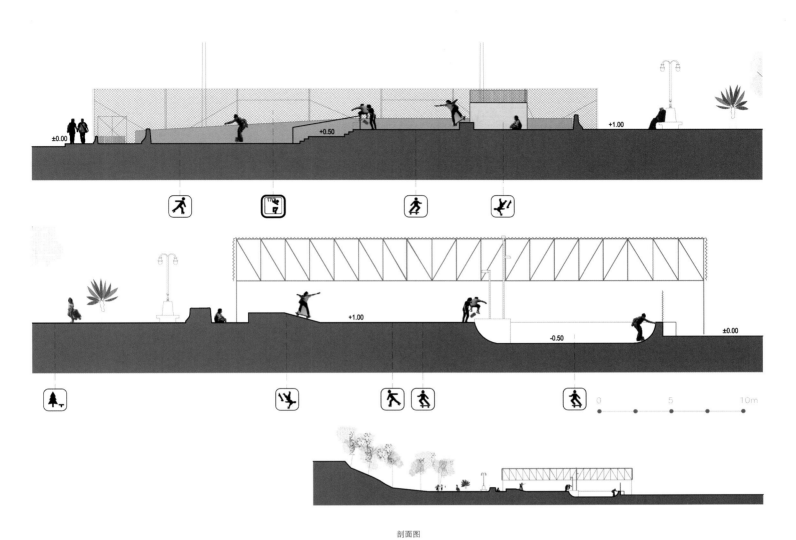

±0.00 +0.50 +1.00

+1.00 -0.50 ±0.00

0 5 10m

剖面图

图书馆绿化公园

设计单位：托马斯·巴尔斯利建筑事务所
项目地点：美国新罗谢尔市
项目面积：4 856.25 m²
摄　　影：托马斯·巴尔斯利建筑事务所

　　图书馆绿化公园毗邻新罗谢尔市中心的公共图书馆。该项目用地曾是一块空地，周围环境凌乱不堪，亟待城市规划翻新。

　　随着市中心高质量住房密度的不断增加，该公园项目的到来非常及时，将为市中心带来全天候休闲活动的高品质公共空间。

　　该项目的设计理念以公共空间的可行性为基础，并且提供高品质的公园体验，从而确保该公园的长期可持续性发展。广阔的圆形草坪可用于举办各种活动：花园小憩、公共休息、户外阅读、幼儿游戏、露天咖啡馆以及主要拐角处的咖啡厅等。对角设置的走道将草坪一分为二，将火车站和相隔一个街区的商业街相互连接起来。

　　绿色图书馆已经改变了这个郊区城市的自豪感和商业中心的形象。景观建筑师们再一次向人们证明了如何投入精力和创造力来保护环境：为城市商业中心的步行空间注入绿化景观，使人们在市区内就能够享受到郊区森林、田野和湿地的自然环境。

MEMORIAL HIGHWAY

Tot Play

Entrance Plaza

Enterance Plaza

Lawn Promontory

HUGUENOT STREET

Seatwalls

Civic Lawn

Reading Room

Stage

Garden

Transverse

Cafe Terrace

Kiosk

Gardens

LAWTON STREET

港口公共空间

设计单位：兰斯卡普景观设计事务所
项目地点：挪威卑尔根市
项目面积：6 500 m²
摄影师：阿尔纳·塞伦

该项目是一处具有中世纪建筑结构的城市空间，始建于14世纪，如今已经成为连接挪威卑尔根市金融及行政中心的港口。

它坐落在中世纪建筑结构与20世纪建筑结构的过渡区域之内。其主要理念是让这一历史区位变得形象化，并与港口直接相连。它实际上通过一条中间加宽的街道，将两个广场连接在一起。位置较低的广场曾于2000年进行过一次翻修，中间和位置较高的广场竣工于2003年。

许多后来加入广场之中的元素，不得不在历经多年的变迁之后被移除。种植在此处的树木由于遮挡住了游人观海的视线，而被移植到了其他地方。其首要目的是，尽可能多地移除广场中的元素，使广场变得更加整洁，同时发挥出更大的综合效应。

较高位置广场的主要元素是由艺术家马格尼·夫鲁赫曼创作的一个巨型陶瓷罐。它4米高，矗立于排水沟的起始位置。您可能会偶尔聆听到这位艺术家创作的乐曲——《卑尔根的汽船》，悠扬的乐曲从安装于陶瓷罐四周地面内的三个扬声器传来。

陶瓷罐会释放出蒸汽，我们可以看到蒸汽在空中随风飘浮。

广场的南侧种植了三棵菩提树，广场的北侧新种植了一小片连香树林。

由镶嵌于巨型花岗石板内的光纤透镜为这片连香树林提供光源。陶瓷罐的底座由暗色花岗岩打磨而成（半径=1.6米）。树木的栏栅由巨型花岗石板制成，配备有为树木提供雨水灌溉之用的排水沟。

经过加温式贴合以及抛光处理的暗色花岗岩上新装了一排阶梯，使轮椅使用者可以通过一个光滑的斜坡抵达河堤之上。

靠近阶梯的位置有一口水井，它代表着20世纪60年代河堤动工时挖掘出的一口建于14世纪的古井。

古井由两种不同类型的暗色花岗岩制成，一种带有纹理，另一种带有斑点。井的尺寸为2米x2米x1.5米；中间钻出一个半径为75厘米的井口。

为了从视觉上将卑尔根市中世纪部分内的人行区域与车流分开，修建了一堵17米长的花岗岩墙。墙壁高度从45厘米到135厘米不等。若干填满玻璃材料的开孔镶嵌于墙壁之上。由下方的大功率LED灯为玻璃材料提供照明，其主要功能是让汽车的前照灯的光线能够穿过这些玻璃材料照射于广场的地面上。因此，这种具有脉动效果的交通光线成为了广场设计的一个组成部分。

为了使广场的两个部分合二为一，街道中央有一条99米长的陶瓷排水管。每一块陶瓷砖均由艺术家马格尼·夫鲁赫曼和卡里·奥森亲自手工制成。

广场的中间部分是光线最为昏暗并且风力最大的位置，因此我们决定为其提供比两个相邻的广场区域质量更高的路面铺设施工。

路面铺设的是花岗石板，艺术家拉瑟·博晨已专门设计出了13块石板，每一块均刻有诗人路易·霍尔伯格（1684年生于卑尔根）的诗句。

在较低位置的广场中央，有一个由皂石制成的倾斜平台，尺寸为9米x9米。两个长凳同样由皂石制成，同样含有玻璃元素，由下陷的LED支架提供照明。之所以选择皂石作为材料，是因为广场较低部分内的古老建筑架构系统中的柱子、窗框、门框和楼梯均采用了这一材料。平台采用倾斜设计，最高点为路面以上75厘米，最低处高度只有2厘米。皂石结构松软，使用刀子便可轻易对其进行切割。项目的意图之一便是通过石头元素随着岁月变迁形成的损失，让时间的流逝变得一目了然。

广场的两个部分均铺有采自当地的古老鹅卵石，石龄均不低于200年。沿着广场的正面，铺设有采自当地的巨型片麻岩板，为行人提供更舒适的步行条件。这些片麻岩板还具有冬季电加热功能。

在较低位置的广场部分，以叠加的方式铺设有15厘米x15厘米的陶瓷材料，形成了一个网状系统。这些陶瓷材料形状各异，其主要功能是收集雨水和反射阳光。

广场制订了一套特种照明方案，其中包括用于普通照明的电线杆以及用于聚光灯照明和泛光照明的装置。广场的正面采用了向上照明装置；连香树的下方、巨大的墙壁以及皂石长凳均采用了效果照明装置。

通过陶瓷罐内部的大量光纤电缆，可将其从内部点亮。

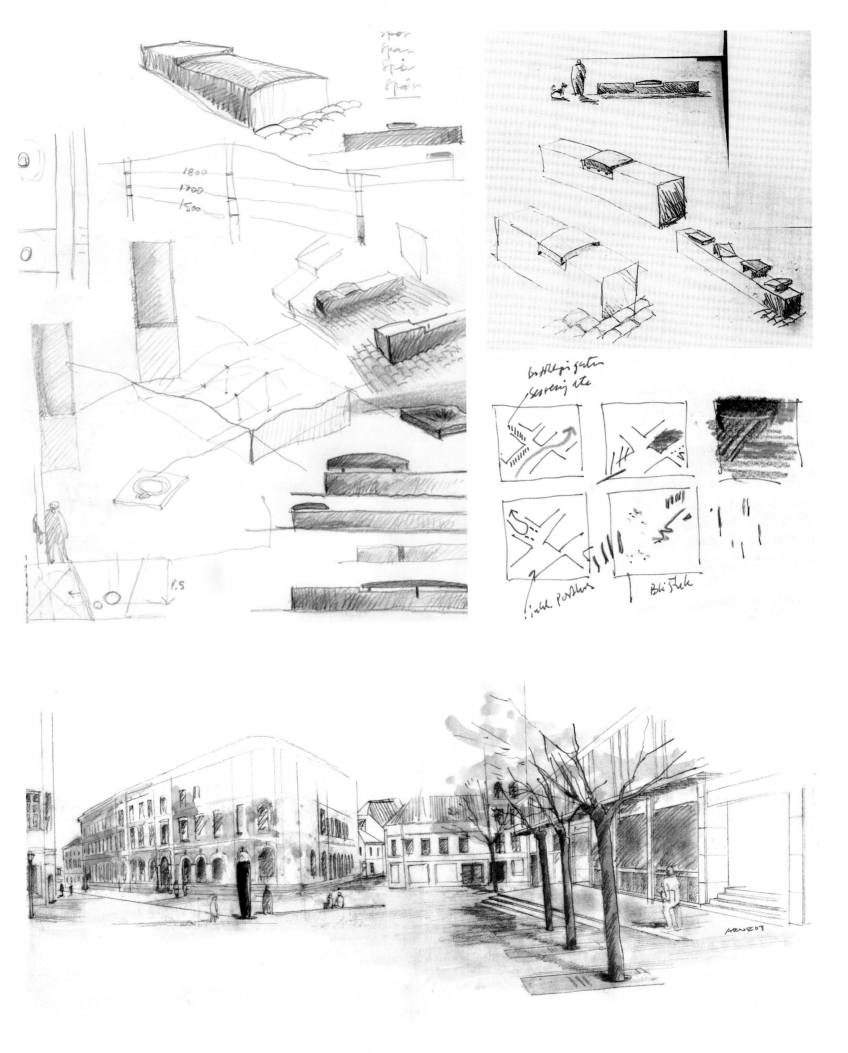

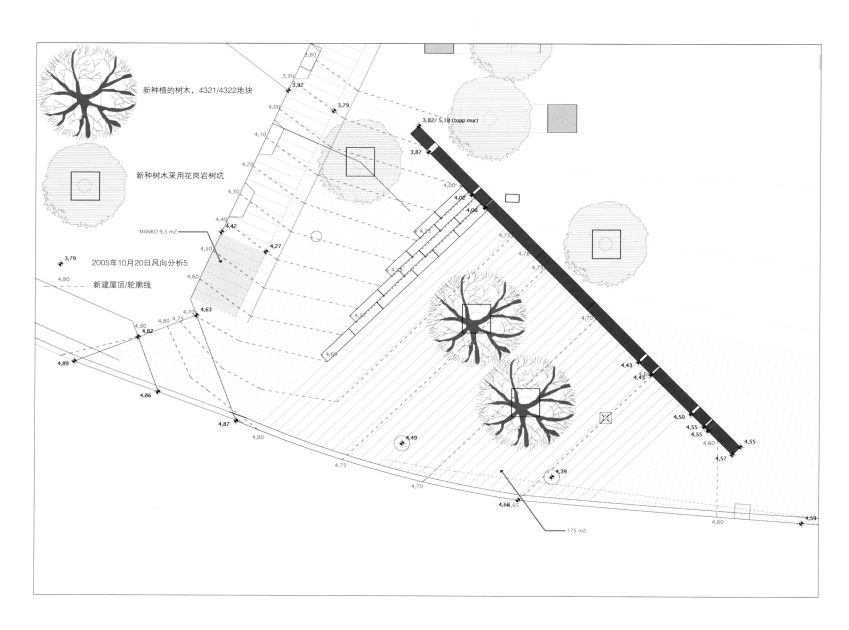

新种植的树木，4321/4322地块

新种树木采用花岗岩树坑

MANKO 9,5 m2

2005年10月20日风向分析5

新建屋顶/轮廓线

3,82/ 5,18 (topp mur)

175 m2

斯维尔广场

设计单位：兰斯卡普景观设计事务所
竣工时间：2006年
项目地点：挪威卑尔根市
项目面积：1 000 m²
摄影 师：阿尔纳·塞伦

　　斯维尔广场位于哈孔伯爵大街以北，以挪威一位著名海盗国王的名字命名。它是为纪念先前的斯维尔大街而建，20世纪80年代该广场的一部分已转变成了一个影视中心。目前，这一曾经的横向大街已被重新设计成了一个广场。

　　这一设计反映出城市中不断提升的行人主导地位。这也是相邻建筑物之间的路面采用直线和斜线方式的原因所在。因此，采用横跨交通道路的方式使建筑物相互连接，并且将这种连接方式仅作为广场的一部分，而非主导元素。

　　广场实际上成为了影视中心的后门入口。因此，我们决定使用不添加任何修饰元素的普通路面，使它成为一个吸引人且正式的广场。广场地面上仅种植两棵樱桃树，布置若干经过抛光处理的暗色花岗岩块。

　　行车道横穿广场，并且在广场的中间位置方向发生改变——向西移动了4米。为了从大街的一侧至另一侧形成一种合理的交通导向形式，同时保持特有的设计理念不发生改变，我们在道路的纵向上放置了一些暗色花岗岩，使其抛光一侧朝向车辆穿行的迎面方向。这使得汽车前照灯的反光清晰可见。

　　路面使用的是白色花岗石板，宽度为880毫米，长度各有不同。长度根据用户定制设计的不锈钢树木栏栅的测量尺寸确定。这些栏栅由8毫米厚、1000毫米宽的钢板制成，在栏栅的两侧均形成60毫米长的垂直边缘。

　　与樱桃树相伴的是与路面图案融为一体的巨型暗色抛光花岗岩块，可以作为长凳和椅子使用。

　　酒店正门入口前方设有多个钢槽，下方的照明灯具将钢槽内部的玻璃点亮，呈现出优美的灯光效果。

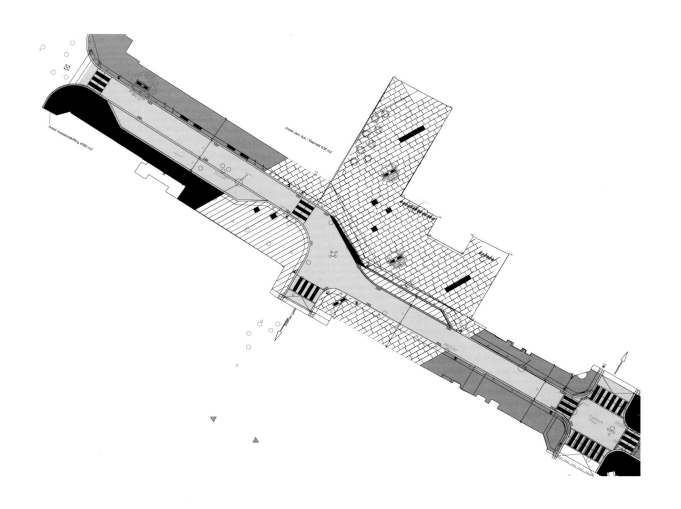

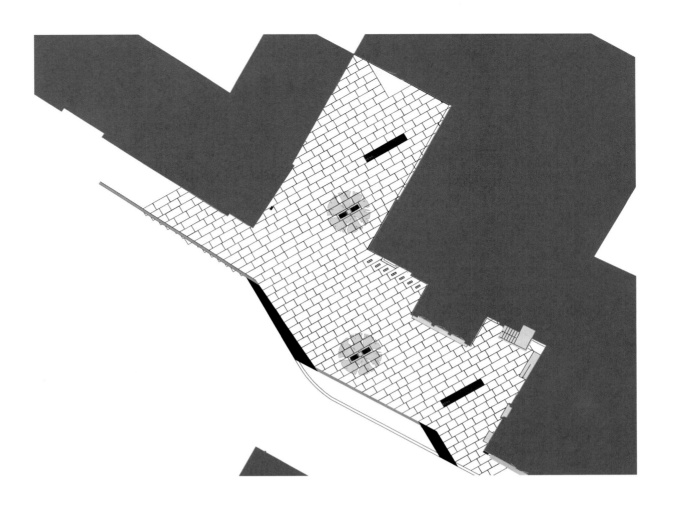

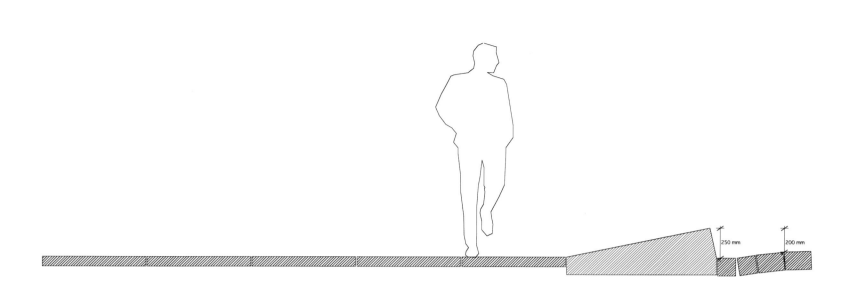

250 mm

200 mm

瓦埃勒剧院广场

设计单位：兰斯卡普景观设计事务所
竣工时间：2008年
项目地点：丹麦瓦埃勒市
项目面积：2 500 m²
摄 影 师：阿尔纳·塞伦、托尔本·达姆

　　该项目的主要设计理念是为观众打造一种观看演出的环境。当走过灯光喷泉时，观众的心理会变得纯净，将城市的喧嚣与紧张抛于脑后，同时为剧场内的演出做好心理准备。

　　瓦埃勒市主剧场位于市中心。城市公园与剧场毗邻而居。剧场的另一侧有一条环状交叉路，成为了剧场与城市间的过渡区域。这里先前是一条传统的环状交叉路，带有一片下凹式绿地和花卉布置。

　　现在，游客可以步行通过一座花岗岩过街天桥抵达道路另一侧的剧院，而不是步行经过传统的人行横道。过街天桥上有一条用抛光花岗岩制成的实心边饰，无论是在夜晚还是白天，这一边饰均清晰可见。它会对这些行走于交通道上的行人形成保护，使他们在穿过道路时，真正地感到安全。

　　广场由安装于三个灯杆（一大两小）上的泛光灯具提供照明。

　　在边缘区域内，由安全道为从玻璃层面上的钢板倾泻而下的水流提供照明，光线由内向外照射。因此，在玻璃墙放射出的强白光下，即便是在夜晚，从车辆的迎面方向它也是清晰可见的；这成为了提醒车辆驾驶员转弯的一个非常明显的信号。

　　朝向另一方向的一个巨大的花岗岩石块被一大块玻璃切成两半，使汽车前照灯的照射方向从穿行的车辆上转移至走道的光毯子上。

　　通往弗拉格博格广场的大街限制车辆通行，车辆仅可通过这条大街到达两地之间的一个停车场。为了遮挡车辆，在道路两端树立起了两块巨大的耐候钢板。钢板上设有穿孔，以便在道路上形成阴影图案。

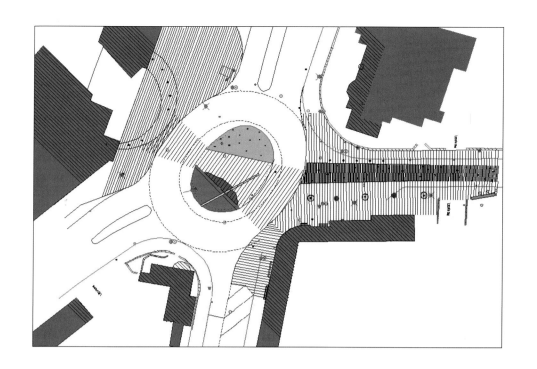

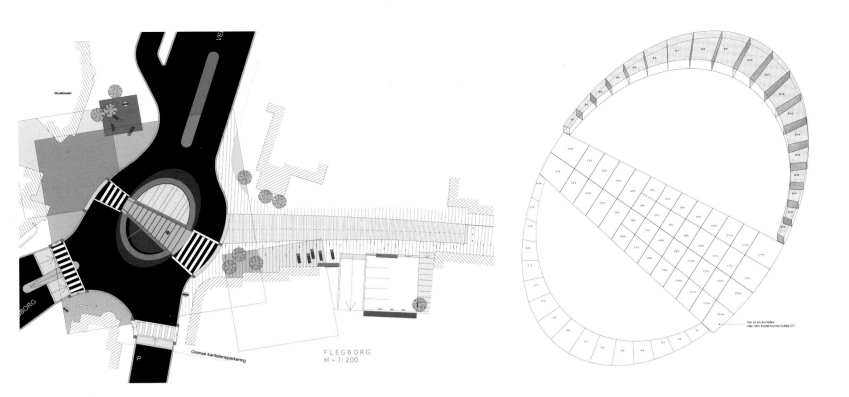

FLEGBORG
M = 1:200

Grense kantstensparkering

Her er en kurvefeil,
men den burde kunne kuttes til?

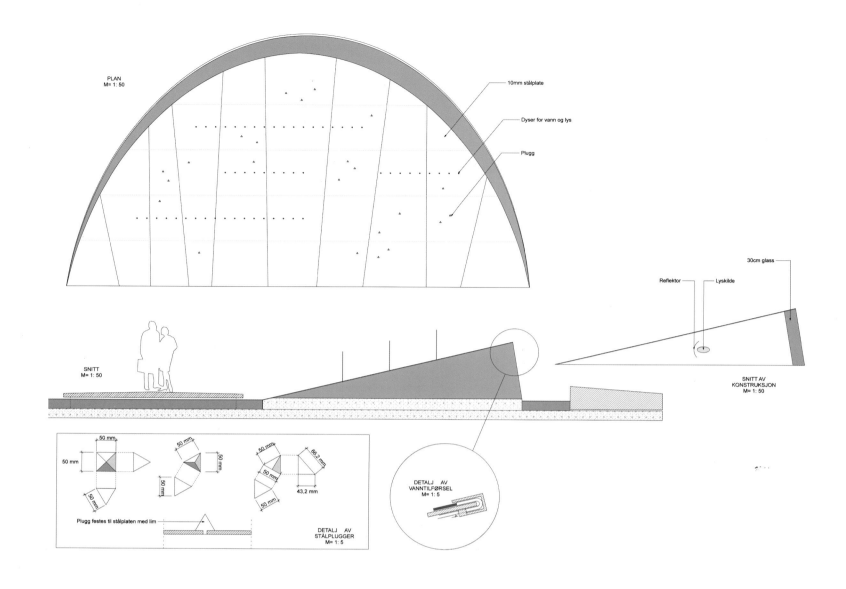

PLAN
M= 1: 50

10mm stålplate

Dyser for vann og lys

Plugg

SNITT
M= 1: 50

30cm glass

Reflektor   Lyskilde

SNITT AV
KONSTRUKSJON
M= 1: 50

50 mm

50 mm

50 mm

50 mm

50 mm

50 mm

50 mm

50 mm

50 mm

66,2 mm

43,2 mm

Plugg festes til stålplaten med lim

DETALJ AV
STÅLPLUGGER
M= 1: 5

DETALJ AV
VANNTILFØRSEL
M= 1: 5

河滨区域城市化设计与世博会主题广场

设计单位：恩瑞克·巴特勒与琼·罗伊格建筑师事务所
竣工时间：2008年
项目地点：西班牙萨拉戈萨市
项目面积：139 940.94 m²
摄 影 师：艾瓦·塞拉茨

2008年萨拉戈萨世界博览会的某些通用方面是根据总体规划确定的，而这一总体规划正是为了申请本届世界博览会的候选城市，由我们与Grupo Experiencia事务所共同设计完成。这一规划将世博会的地点设计在具有不同标高并且与河流平行的两个不同平台上；设想将主展馆搭建在与城市的水平高度相同或较高的平台上；较低的平台被设计在与埃布罗河左侧堤岸相连的河滩地上，在其上搭建世博会后将被拆除的主题展馆。

我们有关2008年萨拉戈萨世界博览会的特定项目包括对这一较低平台（河边地区）、用于搭建临时展览馆的主题广场、露天观众席以及集上述所有活动于一身的公共空间进行开发。

这一地点的设计主题为"水滴公园"，由一连串环形空间组成，其用途不仅限于容纳世博会的展馆，还会在世博会结束之后另做他用，从其中的树木到湖泊以及娱乐场所均会继续发挥自身的作用。各个环形之间的大多数空间均被拉紧的纤维藤架所遮盖，藤架面积超过10 000平方米，由金属柱支撑。独特的遮阳棚设计能够将环境温度降低至少10℃。我们使用了一种专用纤维，将其拼凑成巨大的环形部分，在地面上形成交替出现的光影效果，有效地避免了使其成为一个封闭空间。

河滨区域被打造成一块俯瞰河水的露天剧场，游客可以坐在此处观赏世博会的夜场演出。木板用于创造一种与变换的埃布罗河水面相协调的地形结构，使公共空间与随机变化的河水流动融为一体。在两片空间之间，我们嵌入了一只沿着河水漂动的巨型长凳，它成为了整个世博会中最重要的一处景点。这个700米长的"生态地理"长凳，是在我们与美术设计师伊西德罗·费雷尔的通力合作下圆满实现的。

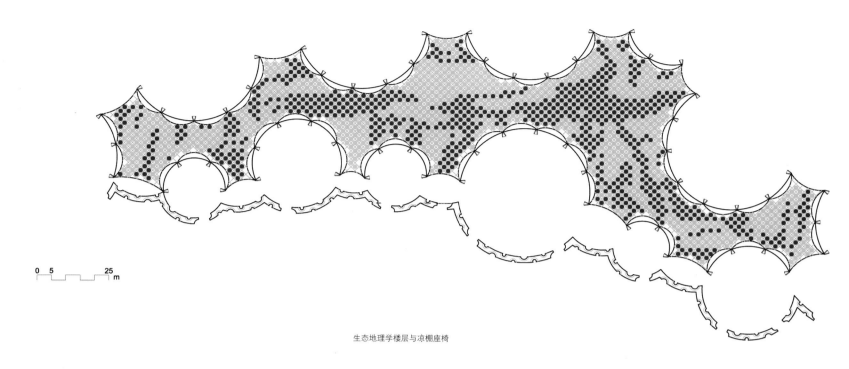

生态地理学楼层与凉棚座椅

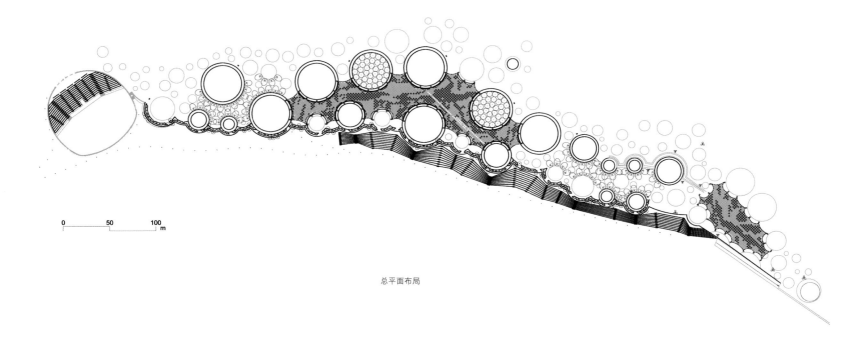

总平面布局

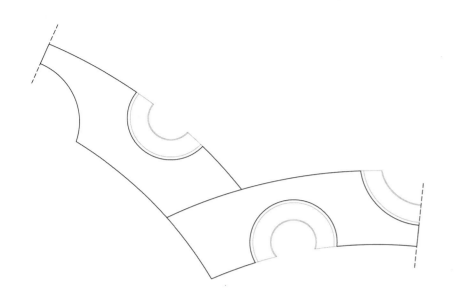

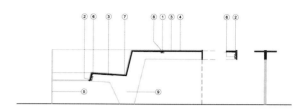

1 缩进式LED街灯（每平方米2盏）

2 由高性能LED灯具组成的线性照明系统，每个灯具嵌入8毫米 X 10毫米密封聚碳酸酯，外凸
  部分33毫米，远端设有10倍铝质不锈钢LP–67保护设施，采用24V直流电源，功率为54瓦/米

3 带有柔性连接的马赛克面板

4 8毫米耐候钢板

5 8毫米耐候钢柱，由螺栓固定在10毫米环氧材料人行道上

6 45毫米 X 25毫米电线配线台阶

7 直径20毫米防水管道与采用世力科密封的耐候钢边饰

8 24毫米灯塔预留管道

9 8毫米耐候钢板，每个采用60厘米刚性焊接，为河岸照明系统电流线配线预留空间

生态地理河岸平面图与截面图

生态地理河岸细部图

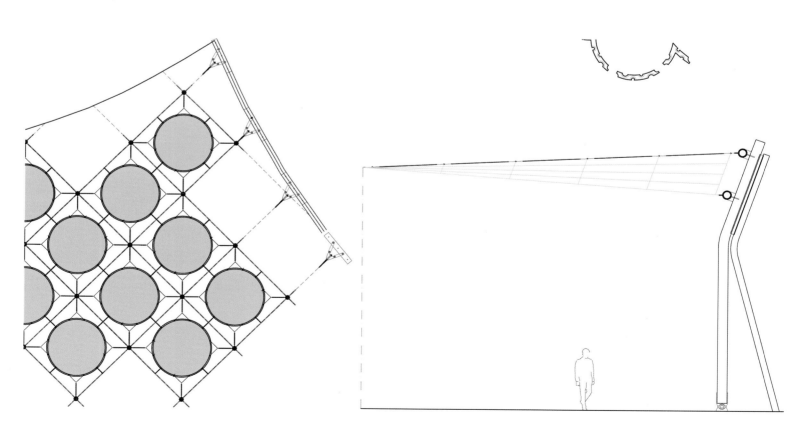

凉棚纹理平面图与截面图细部图

理卡德-维纳斯广场

设计单位：贝娜蒂塔·塔格利亚布（EMBT）建筑师事务所
竣工时间：2010年
项目地点：西班牙莱里达市
项目面积：9 200 m²
摄 影 师：埃勒纳·瓦雷斯、阿莱克斯·高缇耶

　　环绕塞乌维拉大教堂的辽阔绿地对莱里达市来说举足轻重，也是城市里最美的公共场所，并被本项目选为设计参照，以确保新理卡德-维纳斯广场的设计方案能够呈现出这种优美景观。我们的设计方案重点是为音乐家理卡德-维纳斯雕像修建一个布满小广场和绿化带的大型绿色开放式广场，该广场所在地车流涌动、行人不绝。错落的迷宫布局展示的是饱含深刻文化含义和符号诠释的古老造型。单词迷宫"labyrinth"的前半部分"labyr"的原意与岩石和石头相关，而该单词的后半部分"inth"则来自希腊单词，意为基础部位。虽然确切的语义来源并不明确，但是这样的路径布局曾经一度被用于编舞。

　　我们的设计方案中有一个舞池和一个迷宫式小路，其中迷宫式小路能指导人们在中央景点附近跳春天舞曲的舞步，并且为周边区域注入了新的活力。在理卡德-维纳斯广场，行人和车辆各行其道，且行人拥有独立的公共区域。

　　广场上的小路互不重叠，根据舞步的变化采用多变的布局。最接近这个广场设计理念的可能是坐落在巴塞罗那市内最繁华地段的弗朗西斯卡-玛西亚广场，该广场坐落在巴塞罗那市交通枢纽节点上。其他欧洲城市也以其壮观的市中心环形布局而闻名，如巴黎的星辰广场、柏林以其顶部圆柱和天使塑像而知名的提尔公园。在英国，建筑师约翰·伍德创建的皇家新月楼是巴思市最具特色的地标之一，其环形绿地的设计控制着市区交通流，并且有助于定义和宣传城市形象。在一般情况下，环形广场是不通行的，因此环形广场经常被设计成停车场，用以调节交通，并让司机们于忙碌奔波中体验自然之美。

我们已经为卡勒-鲁尔地区的圆形广场设计了一个迷宫，我们希望将迷宫的设计理念与入口设计理念相互融合，并将莱里达市的城市入口设计成一个全新的绿色之门。因此，该项目为莱里达市提供了一个环形通道和新广场。

　　1. 环形通道的末端是一个迷宫图案，由带状绿化带和砖铺设组成。

　　2. 广场被绿化带分割成不同部分，并且从公路上可以清晰地看到布满树木和草坪的绿色迷宫。这个绿化区内拥有丰富的配套设施，如酒吧、儿童娱乐场、长椅和人行小路等，为周边居民提供休闲娱乐空间。与广场连接的两条街道采用天然石材路面，新种植的树木和小型绿化空间不但突出了通往住宅楼的入口，而且有效地柔和了行人道设计。圆环的一侧设有一个巨大的雕塑式灯柱，可以将整个广场照亮，符合社区公共空间和街道公共空间的设计理念。环形的中央新设置的雕塑将成为一个标志性元素，使该区域从周边城市环境中脱颖而出。

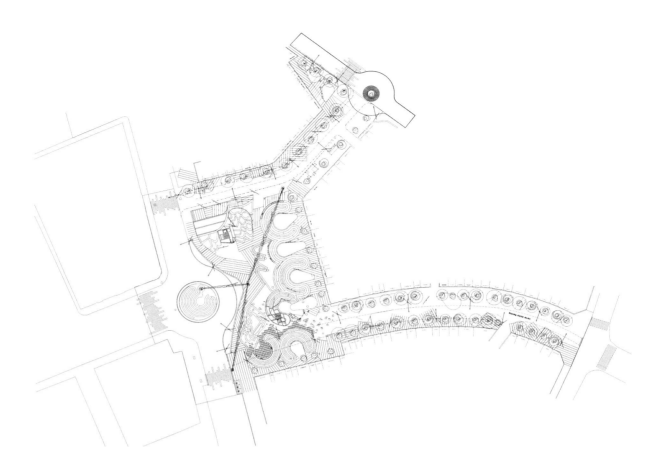

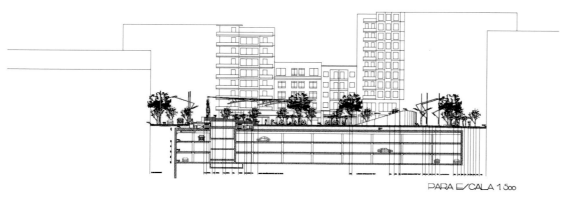

PARA ESCALA 1:500

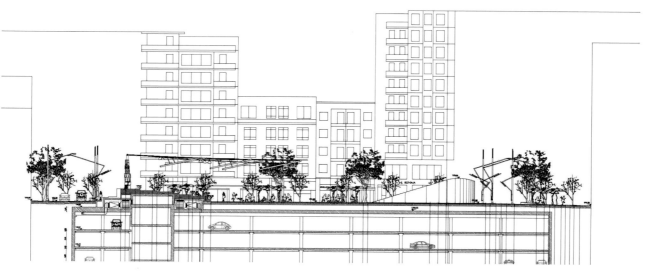

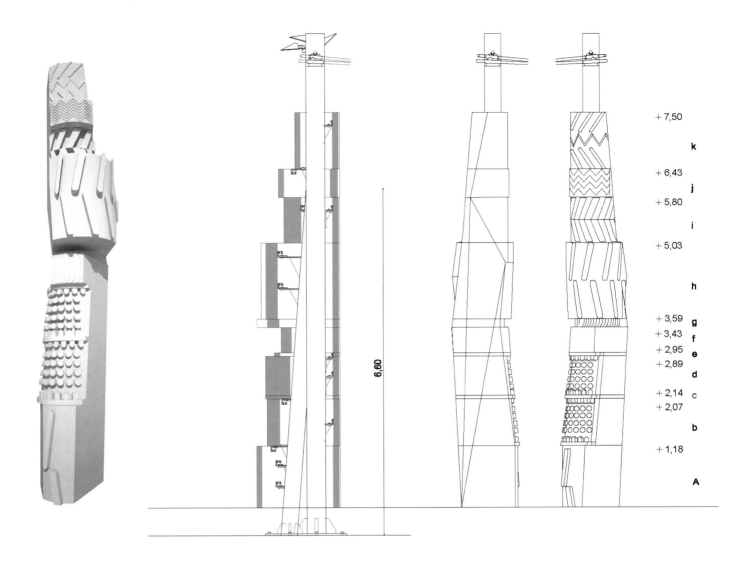

+ 7,50

k

+ 6,43

j

+ 5,80

i

+ 5,03

h

+ 3,59 g
+ 3,43 f
+ 2,95 e
+ 2,89 d

+ 2,14 c
+ 2,07

b

+ 1,18

A

6,60

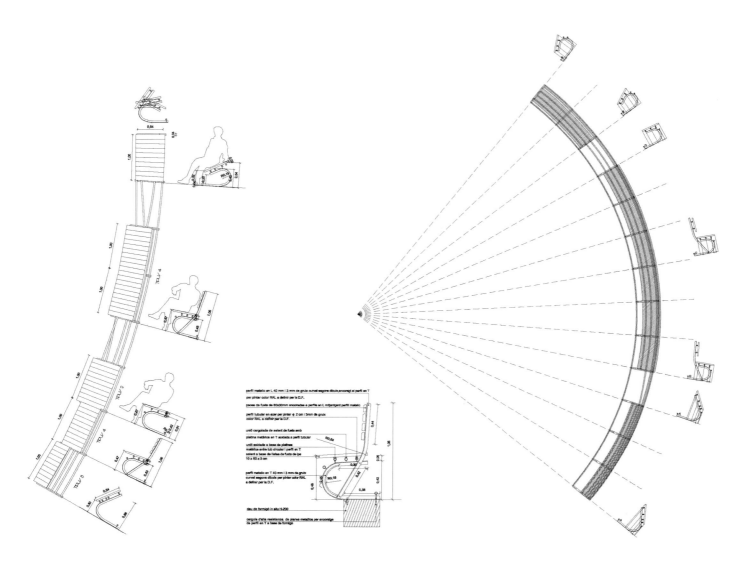

沙戎兄弟广场

设计单位：阿弗莱克+德拉里瓦建筑师事务所
　　　　罗伯特·戴斯贾丁斯景观建筑师事务所
　　　　拉菲尔德古鲁特艺术事务所
项目地点：加拿大蒙特利尔市
摄　影　师：马克·克拉梅尔

　　沙戎兄弟广场是沿麦克吉尔大街中轴线展开的一系列公共场所的一部分，而麦克吉尔大街是一条连接旧港口区域和城市中心的历史街道。这里曾经是一片草原湿地，沙戎兄弟于17世纪在此建造了一个风车，该项目的设计理念即来源于此，并且为人们提供体验当代城市景观的公共空间。沙戎兄弟广场与城市周围的草原湿地形成鲜明对比，并且密切联系在一起，采用新的设计尺寸，提高该区域历史文化和地理特色的公众意识。

　　本项目使用一种简单、精练和极简抽象艺术派的建筑语言来实现环形通道与圆柱之间的对话，即通过绿草繁茂的公园、风车遗址和瞭望台式的停车亭将环形通道和圆柱形设计模型完美结合。除了这些设施，广场上的照明设计使这里成为一个随季节不断呈现变化景观的公园。

　　该广场是一个可提供辨识度、市民自豪感且十分宽敞的公共空间，也是设计方法学的一个研究平台。

　　作为对工业区城市复兴的回应，沙戎兄弟广场是一个建在具有150多年历史区域上的、全新的公共空间。新广场为人们提供了区域辨识度、市民自豪感以及一年四季可供使用的宽敞的户外空间。

　　沙戎兄弟广场是跨专业广泛合作和创造性咨询过程的杰作。该项目创造性地采用团队合作方法，激发团队成员突破专业界限，并通过采用全新的便民沟通技术来保证广泛的公众参与性。在确定特定项目或采用争议性方法之前，该市都会组织一个包括一位艺术家、一位建筑师和一名景观设计师在内的跨学科设计团队。而该设计团队的目标是突破传统学科间的界限，相互协作、互相借鉴，而非根据传统意义上的专业领域来划分和分配任务。

　　团队采用了各式各样的沟通方式以鼓励民众参与到设计过程当中。除了采用诸如圆桌讨论和公共展示等传统论坛形式外，在老蒙特利尔门户网站上还建了一个便民沟通渠道，作为市民与设计团队之间的交流媒介，鼓励市民获取最新资讯，对广场未来建设发表意见，对网站上其他用户的观点进行评论，并且通过网站实时了解项目进度。

　　网站上的咨询结果不但为设计团队了解民众如何认识和使用现有场所提供参考，而且也是设计团队了解市民对新广场建设的期待和需求的一个渠道。与群众的沟通结果是本项目展开的基础，而且方案的实施直接关系到公众的广泛参与。市民也由此参与到对沙戎兄弟广场新身份的认定中来。

该项目注重创建用户及其周围环境之间的和谐关系。

　　通过关注对现代城市和城市生活方式的体验，设计团队从使用者的角度来开发设计理念，并认真思考建立使用者与其周围环境的和谐关系。沙戎广场的街道公共领域是经过精心设计的，以保证舒适性和安全感，并且手扶轮椅可以通过。并采取可持续发展措施对广场进行建设，如种植当地野草品种以减轻市区的灌溉系统压力；使用持久耐用的魁北克花岗岩用做硬质园林景观建设和停车亭的外墙装饰等。

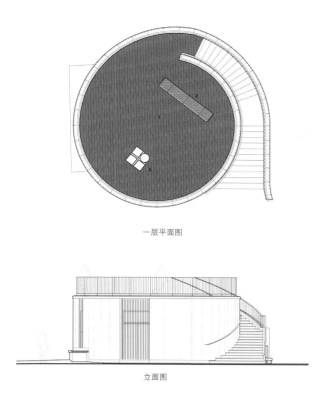

一层平面图

立面图

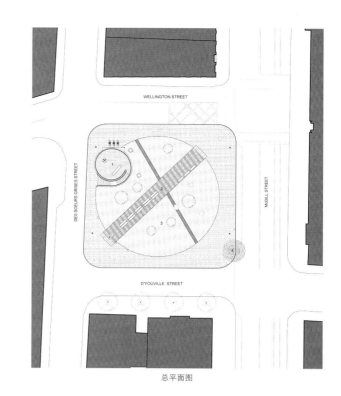

总平面图

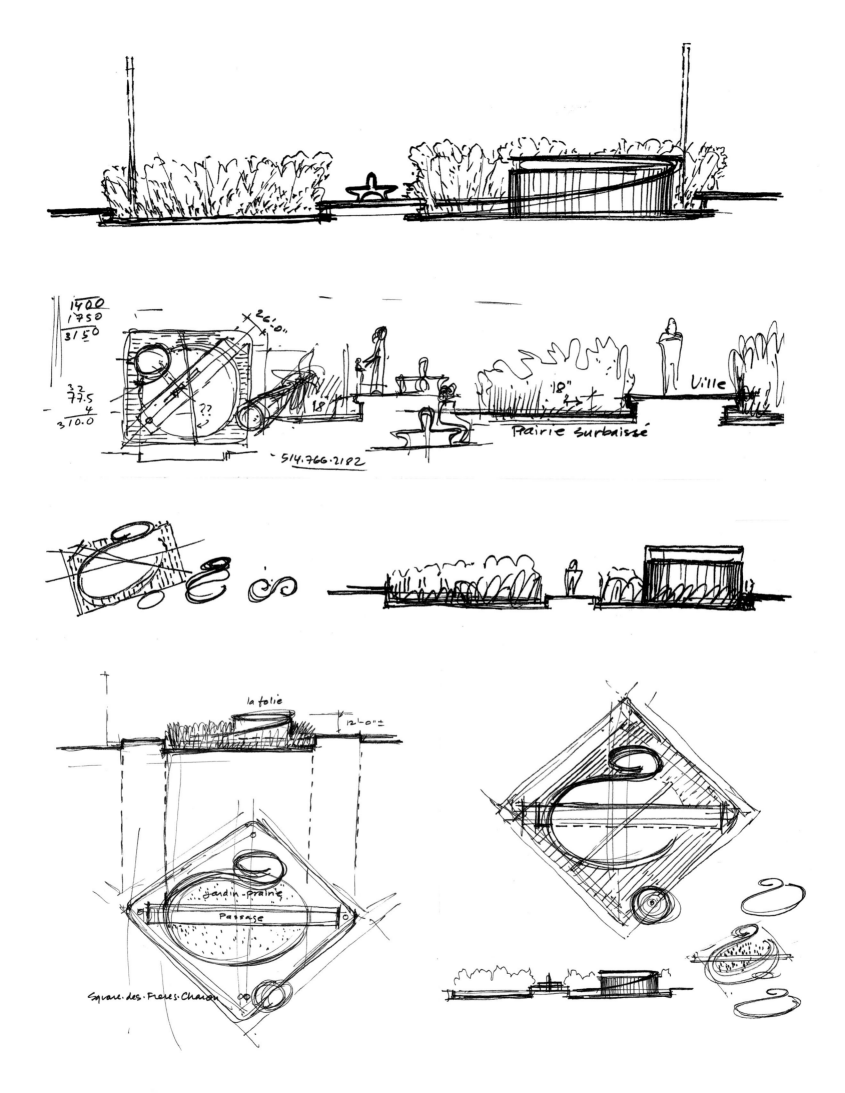

2'-0"

1400
1750
3150

3.2
77.5
4
310.0

18

- 514.766.2182

18"

Ville

Prairie Surbaissé

la folie

12'-0"±

Jardin-prairie

Passage

Square des Frères Charon 00

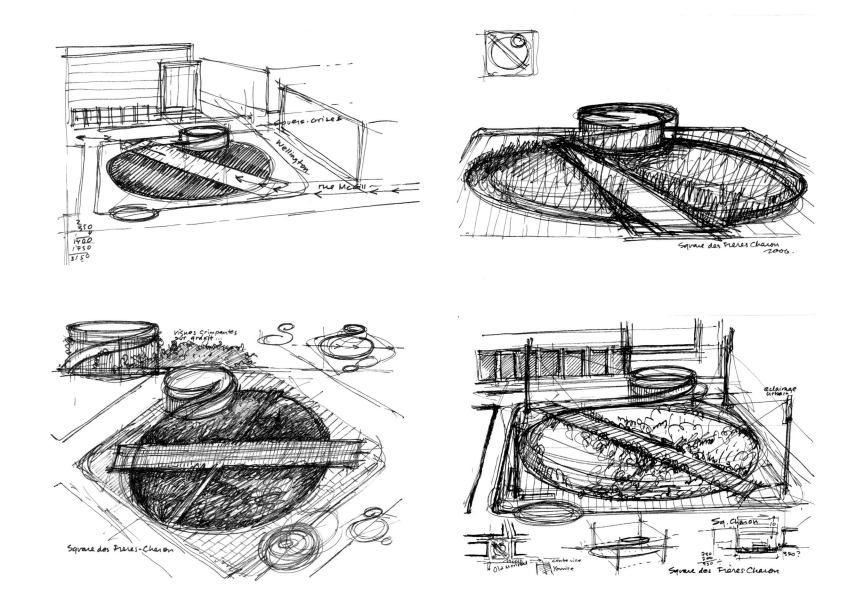

Square des Frères Charon
2006.

vignes grimpantes
sur grafit ...

Square des Frères-Charon

éclairage urbain

Sq. Charon

Old Montreal
centre ville
Youville

Square des Frères-Charon

多尔切斯特广场

设计单位：克劳德·考米尔景观建筑师有限公司
卡迪纳尔·哈迪集团
竣工时间：2010年
项目地点：加拿大
摄影师：马克·克拉梅尔、索菲·博杜安、
伊萨贝尔·贾森、纳塔利·盖然

为纪念加拿大联邦成立而建的多尔切斯特广场拥有近300年的历史。为了纪念这段漫长的发展历程，我们对该广场进行了翻新与加固，一期工程于2010年落下帷幕。工程整体设计灵感源于维多利亚设计风格，具体内容包括对四座纪念碑（被人们称为蒙特利尔市的艺术珍藏品）进行修复、恢复圣安东尼公墓的昔日风韵、重塑这个城市广场的往日风采。

城市布局

该项目通过对街道及人行道宽度进行调整，重新规划道路系统，并且在皮尔大街上加设了自行车专用道，从而实现多种交通模式。

建筑材料

广场内部的小路上铺砌了一层表面带有各种装饰的黑色花岗岩，能够反射阳光，营造出绚烂夺目的视觉效果。路面上的黑色斑点带有历史沧桑感，周围的白色人行道呈现出现代都市的繁华。强烈的视觉对比突出了装饰材料的特色，加强了人们的景观体验。从白到黑，两种硬质景观元素突显了广场的入口位置。

十字架图标

为纪念旧时公墓，怀念长眠于地下的逝者，我们特意设计了一个带基脚的拉丁式十字架，此项创意来自地图上代表公墓所在地的图例。广场上错落有致地排列着58个十字架，还有100个十字架被安放在加拿大广场上。

纪念碑

四座纪念碑都被纳入翻新范围，其中包括波尔战争英雄纪念碑、加拿大前总理威尔弗里德·劳雷尔爵士雕像、诗人罗伯特·彭斯雕像和贝尔福狮。前总理雕像的崭新圆盘形基座直径为6.7米，由大块黑花岗岩打造而成。

树木

高贵的阔叶树和高冠植物为草坪引入荫凉。阳光穿过树叶洒落在草坪上，为小草提供充足的成长养分。

草坪

小草坪被设计成山丘状，这是19世纪70年代的典型公园样式。这种设计既扩大了公园前景处的绿化面积，将小路隐藏在绿茵之中，又把周围穿行的车辆变为整个公园的大背景。这种景观设计能够实现多重效果，如保护历史古迹、呵护草坪生长避免其被游人踩踏并延长其使用年限、提供新的环境经验等。

花坛

花坛设在广场中央，里面种植着3 500支天竺葵（蒙特利尔市的市花），红粉相间、色彩明艳。花坛使整个广场展现出高超的园艺之美，荡漾着维多利亚风情。

公共设施

新添加的街灯和125个长凳显现出另一种维多利亚风格，兼具现代化和颠覆感，展现出19世纪的环境风格。新灯具的设置不仅为人行道提供照明，还突出了纪念碑和天空的光影效果，使多尔切斯特广场成为一个全天候公共空间。

总结

该项目尊重场地环境，并且进行了20多次研究与分析，包括考古学、历史遗迹和文化、艺术元素以及交通设施等方面，使多尔切斯特广场重现了原广场的设计理念，并且使这一具有重要意义的公共空间重新恢复了往日的风貌。

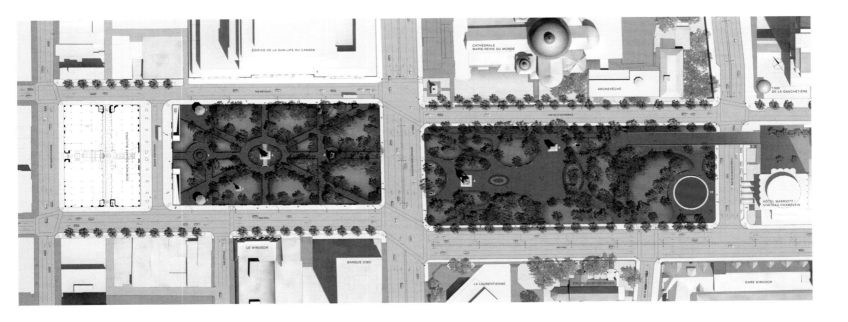

POLISH FINISH
PERIBONKA GRANITE PAVER

GEM 8 FINISH
PERIBONKA GRANITE PAVER

FLAMED FINISH
PERIBONKA GRANITE PAVER

CROSS
GEM 16 FINISH
PERIBONKA GRANITE PAVER

哈雷/萨勒河集市广场重新设计

设计单位：雷瓦德景观建筑事务所
竣工时间：2006年
项目地点：德国哈雷市
项目面积：22 990.3 m²
摄　　影：雷瓦德景观建筑事务所

　　通过新的概念重构，哈雷集市广场成为该城市的标志性中心。该广场拥有宽敞的空间，并且被看做是一个标志性区域。

　　精心设计的各种景观元素成功形成一个"文化空间"，不仅能够满足日常生活需求，而且可以创造出一种新的城市空间品质。

　　该项目的设计灵感源自周围环境，如地质断层、盐、贸易、艺术和红塔等，它们在哈雷市发展过程中具有重要的作用。哈雷作为一个贸易中心的特点通过集市广场的广阔空间和功能用途得到了淋漓尽致的体现。

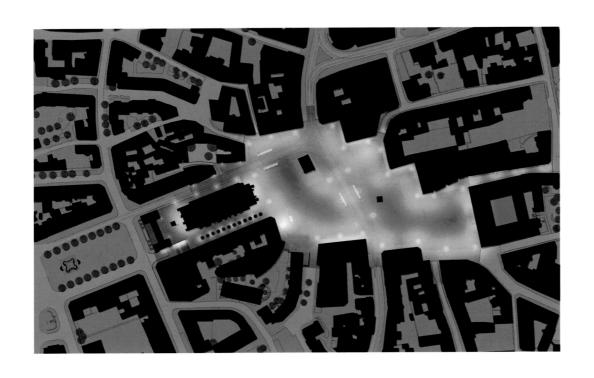

玛蒂尔德广场

设计单位：布罗·鲁贝尔斯景观建筑师事务所
竣工时间：2009年
项目地点：荷兰艾恩德霍文市
项目面积：10 500 m²
摄 影 师：布罗·鲁贝尔斯景观建筑师事务所

为了使人们远离城市的喧嚣，玛蒂尔德广场为人们提供了一片可以放松心情、惬意小憩的城市绿洲。当逛完街或下班时，可以到平台上静静地畅饮一杯，亦可去郁郁葱葱的植物当中寻一张长椅，舒舒服服地坐下休息片刻。安静惬意的景观环境烘托着艾恩德霍文市的地标——灯塔。

多功能性是玛蒂尔德广场的主要设计原则。广场要为内城一系列公共广场和场所增色，展示灯塔，半公共广场还需承载多种功能。玛蒂尔德广场无论是在设计与城市整合方面，还是在技术技巧方面，都是个挑战。广场位于一座室内停车场的平台上，平台与地面排水、铺地和其他工程结构间的间距不大。尽管如此，广场巧妙地利用迷宫似的滴灌软管建成了排水系统，花盆与瓷砖的布局也十分精巧，这些都是广场整体质量水平的体现。

无定形的规划区能带来宁静，保证灯塔最佳观看角度的严密结构。于是，设计理念选择了以硬朗线条为基础，与主楼完全不同，人性化十足。 设计统一性在一致的形状与材料中得以体现。广场地面仅用一种材料即深灰色混凝土板铺成，象征天然石材。这片灰色地毯图案硬朗复杂，周围底座将广场和主楼分开来，也突显了平台与周围环境的高度差。广场凭其特点成为一块飞地。高度的差异将繁忙的城市生活与有着个人空间的绿色广场一分为二。广场四周的栅栏主要是为了保证安全，却也使得这个独特的小世界更加别致。紫藤和玫瑰长满了相邻的藤架，构成了一个透明的屏障，路人只需一瞥，便能望见平台，感受到广场青绿的氛围。

细长的耐候钢构成条状结构，这样广场空间便能开合交替，适合路径选择和露台设置。　条状结构长宽高不一，使木椅和自行车停放架成为整体。容器间有几处地方设有木椅和自行车停放架。耐候钢强劲的颜色、天然木材温和的外观，加上灰色的路面，与主楼的黑白灰色调构成了有趣的对比。然而最引人注目的是广场的花草树木。爬满长青草木与季节性花儿的绿篱不论春夏秋冬都是一道迷人的风景。盆中的杜鹃花青翠欲滴。即使到了晚上需要在下面给草木照明的时候，玛蒂尔德广场也仍是一处温馨友好之地。

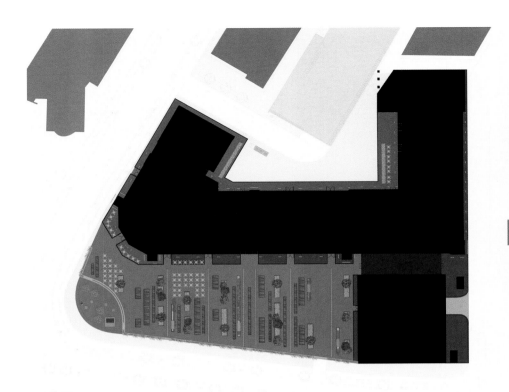

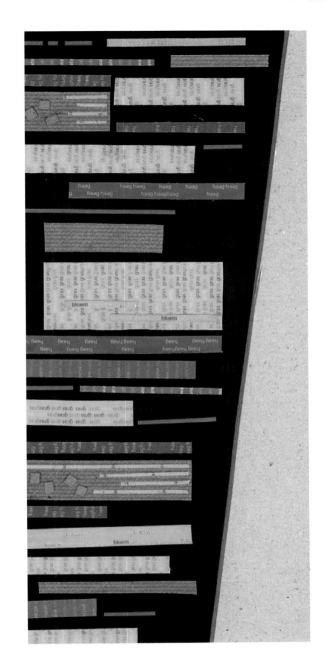

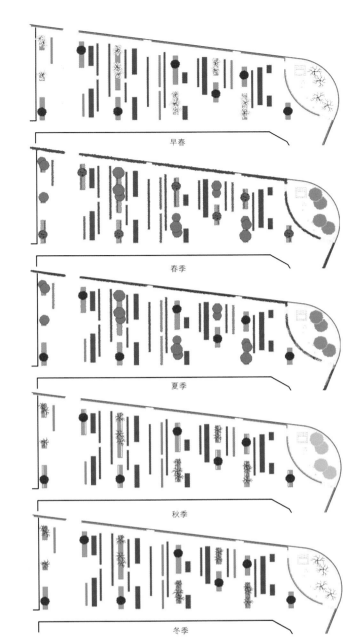

早春

春季

夏季

秋季

冬季

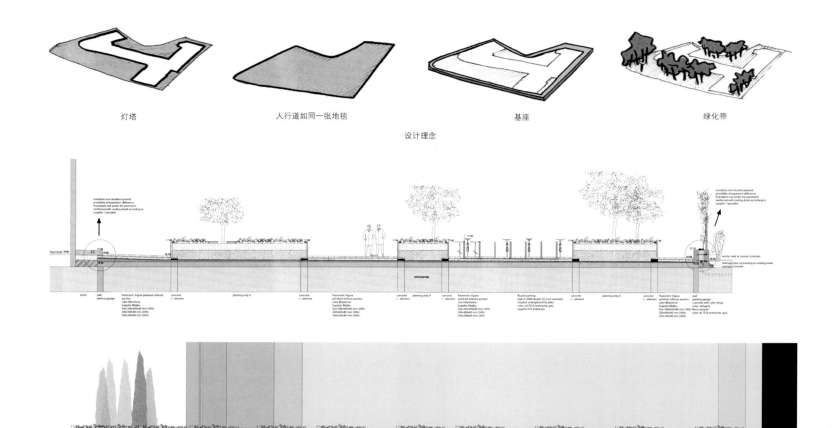

灯塔　　　　　　　　人行道如同一张地毯　　　　　　　　基座　　　　　　　　绿化带

设计理念

马希尔德兰大街上的视图

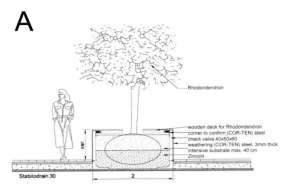

A

Rhodondendron

wooden deck for Rhodondendron
corner to confirm (COR-TEN) steel
check valve 40x50x60
weathering (COR-TEN) steel, 3mm thick
intensive substrate max. 40 cm
Zincolit

Stabilodrain 30

2

种有树木和常青植物的绿化带A

绿化结构

　　广场上的绿化结构由高大的树木和底层种有不同植物的绿化带组成。绿化带的设计以地下停车场为基础，每种植物均经过认真挑选和设计，并且采用不同的高度、长度和宽度，以满足规划要求。多样化的绿化带和功能空间形成通道、雨棚和露台等功能设施。绿化带中的常青植物和季节性花卉为其增添了无限魅力。

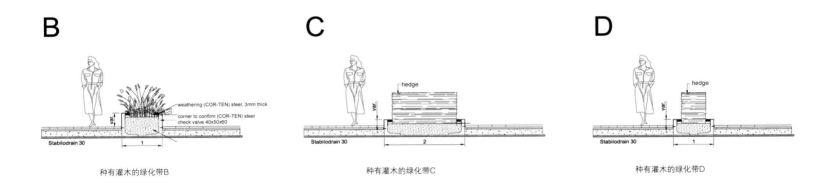

B

weathering (COR-TEN) steel, 3mm thick
corner to confirm (COR-TEN) steel
check valve 40x50x60

Stabilodrain 30

1

种有灌木的绿化带B

C

hedge

Stabilodrain 30

2

种有灌木的绿化带C

D

hedge

Stabilodrain 30

1

种有灌木的绿化带D

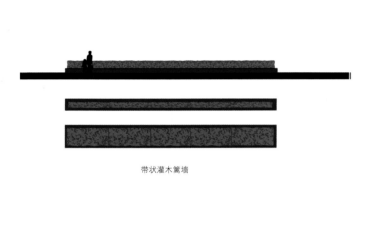

带状灌木篱墙

灌木篱墙之间的自行车停放区

花坛之间的座椅

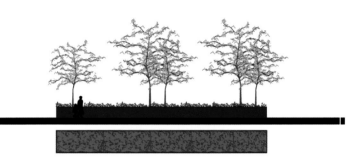

树木带

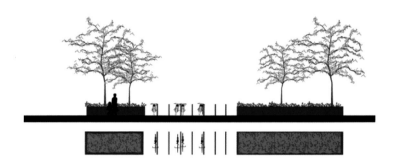

树木之间的自行车停放区

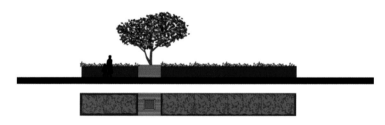

花坛中的大树

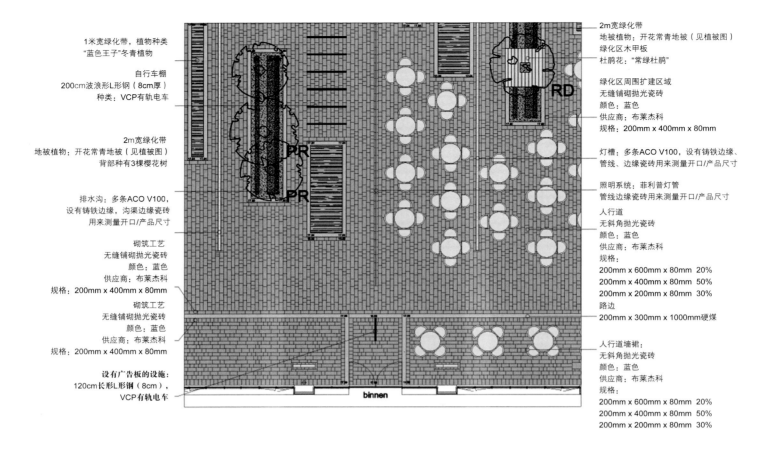

1米宽绿化带，植物种类
"蓝色王子"冬青植物

自行车棚
200cm波浪形L形钢（8cm厚）
种类：VCP有轨电车

2m宽绿化带
地被植物：开花常青地被（见植被图）
背部种有3棵樱花树

排水沟：多条ACO V100，
设有铸铁边缘，沟渠边缘瓷砖
用来测量开口/产品尺寸

砌筑工艺
无缝铺砌抛光瓷砖
颜色：蓝色
供应商：布莱杰科
规格：200mm x 400mm x 80mm

砌筑工艺
无缝铺砌抛光瓷砖
颜色：蓝色
供应商：布莱杰科
规格：200mm x 400mm x 80mm

设有广告板的设施：
120cm长形L形钢（8cm），
VCP有轨电车

2m宽绿化带
地被植物：开花常青地被（见植被图）
绿化区木甲板
杜鹃花："常绿杜鹃"

绿化区周围扩建区域
无缝铺砌抛光瓷砖
颜色：蓝色
供应商：布莱杰科
规格：200mm x 400mm x 80mm

灯槽：多条ACO V100，设有铸铁边缘、
管线、边缘瓷砖用来测量开口/产品尺寸

照明系统：菲利普灯管
管线边缘瓷砖用来测量开口/产品尺寸

人行道
无斜角抛光瓷砖
颜色：蓝色
供应商：布莱杰科
规格：
200mm x 600mm x 80mm 20%
200mm x 400mm x 80mm 50%
200mm x 200mm x 80mm 30%
路边
200mm x 300mm x 1000mm硬煤

人行道墙裙：
无斜角抛光瓷砖
颜色：蓝色
供应商：布莱杰科
规格：
200mm x 600mm x 80mm 20%
200mm x 400mm x 80mm 50%
200mm x 200mm x 80mm 30%

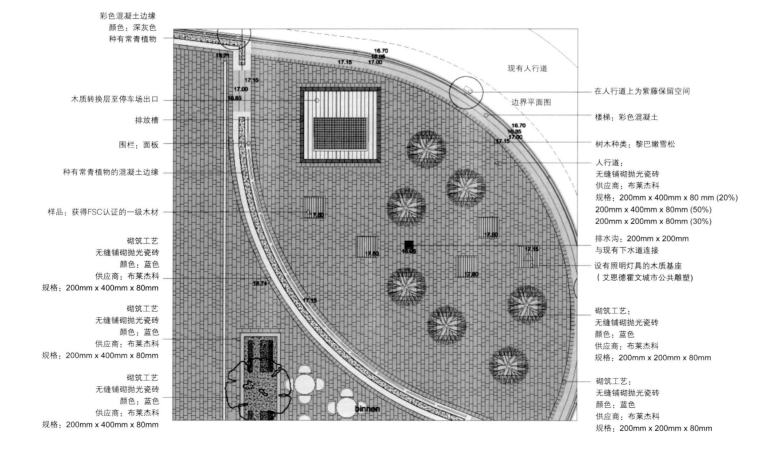

彩色混凝土边缘
颜色：深灰色
种有常青植物

木质转换层至停车场出口

排放槽

围栏：面板

种有常青植物的混凝土边缘

样品：获得FSC认证的一级木材

砌筑工艺
无缝铺砌抛光瓷砖
颜色：蓝色
供应商：布莱杰科
规格：200mm x 400mm x 80mm

砌筑工艺
无缝铺砌抛光瓷砖
颜色：蓝色
供应商：布莱杰科
规格：200mm x 400mm x 80mm

砌筑工艺
无缝铺砌抛光瓷砖
颜色：蓝色
供应商：布莱杰科
规格：200mm x 400mm x 80mm

现有人行道

边界平面图

在人行道上为紫藤保留空间

楼梯：彩色混凝土

树木种类：黎巴嫩雪松

人行道：
无缝铺砌抛光瓷砖
供应商：布莱杰科
规格：200mm x 400mm x 80 mm (20%)
200mm x 400mm x 80mm (50%)
200mm x 200mm x 80mm (30%)

排水沟：200mm x 200mm
与现有下水道连接

设有照明灯具的木质基座
（艾恩德霍文城市公共雕塑）

砌筑工艺：
无缝铺砌抛光瓷砖
颜色：蓝色
供应商：布莱杰科
规格：200mm x 200mm x 80mm

砌筑工艺：
无缝铺砌抛光瓷砖
颜色：蓝色
供应商：布莱杰科
规格：200mm x 200mm x 80mm

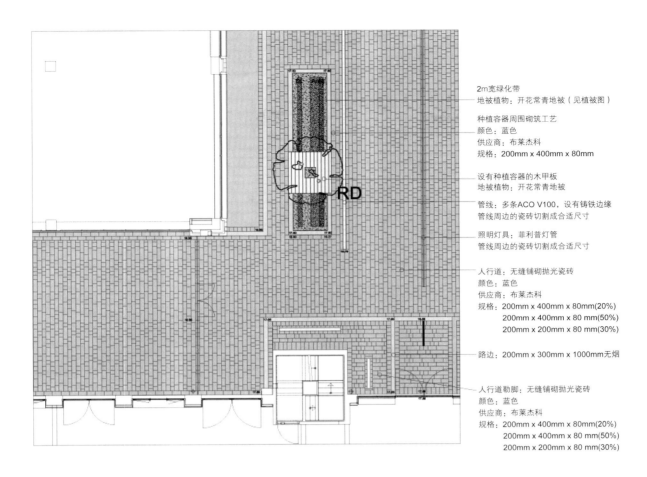

2m宽绿化带
地被植物：开花常青地被（见植被图）

种植容器周围砌筑工艺
颜色：蓝色
供应商：布莱杰科
规格：200mm x 400mm x 80mm

设有种植容器的木甲板
地被植物：开花常青地被

管线：多条ACO V100，设有铸铁边缘
管线周边的瓷砖切割成合适尺寸

照明灯具：菲利普灯管
管线周边的瓷砖切割成合适尺寸

人行道：无缝铺砌抛光瓷砖
颜色：蓝色
供应商：布莱杰科
规格：200mm x 400mm x 80mm(20%)
　　　200mm x 400mm x 80 mm(50%)
　　　200mm x 200mm x 80 mm(30%)

路边：200mm x 300mm x 1000mm无烟

人行道勒脚：无缝铺砌抛光瓷砖
颜色：蓝色
供应商：布莱杰科
规格：200mm x 400mm x 80mm(20%)
　　　200mm x 400mm x 80 mm(50%)
　　　200mm x 200mm x 80 mm(30%)

铁路大街公共空间

设计单位：安东尼奥·布兰克建筑师与城市规划师事务所（ABAU）
设计时间：2009年
竣工时间：2010年
项目地点：西班牙塞维利亚省卡马斯市
设 计 师：安东尼奥·布兰克·蒙特罗
项目面积：580 m²
摄 影 师：费尔南多·阿尔达

　　该地块占地约580平方米，是整体规划项目中遗留下来的一块空地，其功能用途取决于周边居民的需求。由于该地块空闲时间过长，从而滋生随意占用现象，而且有时这些随意占用现象之间还会产生相互影响。例如，有人会把这里当做游戏场地，有人会在这里遛狗，而且经常有人将这里作为停车场，不但为附近居民的生活带来不便，而且也影响了人们的正常通行。

　　该项目的设计理念是依靠周围区域存在的材料并解决这些材料剩余元素带来的问题。必须将一座不需要精心打理的小树林并入项目中，并提供基础设施，使得该区域一方面看上去十分吸引人，另一方面又能扩大停车区域，这一点是十分重要的。该区域布局的起点是设计一些城市公共设施元素，以满足各种需要，包括就座设施、照明设施、植被设施以及限制车辆进入的设施。这些元素使该综合体内呈现多种多样的环境。

　　人行道的设计明确表达出了该区域的功能，即将该区域与现有人行道连接起来。之前的人行道使用了直径为10厘米的液压垫块灰色混凝土制成的六边形铺砖，新的人行道使用了直径为30厘米混凝土制成的黄色六边形铺砖，这两种铺砖的类型相同，但是大小不同，给人们一种混搭的感觉。两种材料之间的衬垫使用了耐候钢。

　　适当赋予这些公共设施一些灵活性是有必要的。这些公共设施用混凝土制成，维持特色元素，对憩座设施和照明设施，根据具体需要安排它们的长度和位置。设施的顶部设有耐候钢制成的箱子，用来装载照明设施。

　　该区域所在地、西面以及公园区域所在地的四周都围着一排树，主要有两方面的目的：一是控制因太阳在傍晚时候的低位置引起的房屋夕照问题；二是吸收由停车区域反射的太阳辐射，避免温度升高。选择种植大班木树，一方面是因为这种树能很好地适应当地的气候条件，另一方面是因为这种树在开花期间能呈现出褐色、绿色和黄色的元素，与城市公共设施及人行道的颜色很相称。

平面图和立面图   剖面图

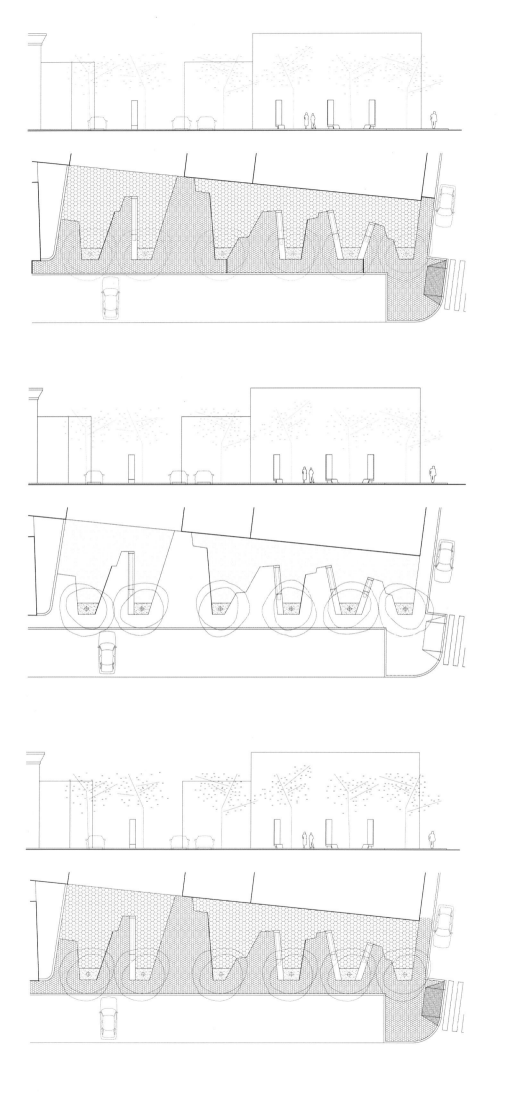

莫拉尔德广场

设计单位：2B建筑师事务所（斯蒂芬尼·本德尔与菲利普·贝博）
合作单位：洛桑斯蒂凡·科莱特建筑师事务所
　　　　　洛桑塞希尔·阿尔巴纳·普瑞赛特景观建筑师事务所
艺术设计：克里斯蒂安·罗伯特-提索特，日内瓦
竣工时间：2004年
项目地点：瑞士日内瓦市
项目面积：3 400 m²
摄　　影：2B建筑师事务所、C.A.普瑞赛特景观建筑师事务所

　　重建日内瓦老城区城根下散步低街购物区域内的莫拉尔德广场的目的在于向人们展示日常生活中经常被忽略的事物。

　　该项目以"几乎空无一物"为战略，致力于突出实际设计简单清晰的特点。与此同时，鹅卵石表层材料的使用是为了实现该项目的统一特性。

　　鹅卵石的统一及广泛的使用，使得项目与周围公共空间具有一致性，同时又不否认鹅卵石在城市空间中作为简易街道表面的特性。

　　该设计考虑了广场的历史并参考了以前的摩拉港。直到中世纪的时候，摩拉港都一直存在。1 857块鹅卵石随意分布在整个广场上。通往湖水的路上，鹅卵石的密度会增加，这样就在广场和水之间建立起联系。夜幕降临时，鹅卵石开始发光，使人们想起水面上微微闪烁的水光，映射出该项目的地理位置和历史。

　　如果有人碰巧看到地面上发光的石头，他就会发现刻在石头中的文字：用联合国六种官方语言书写的日常公共生活表达式。

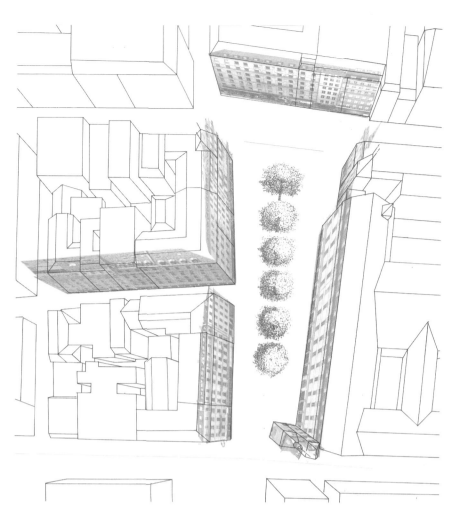

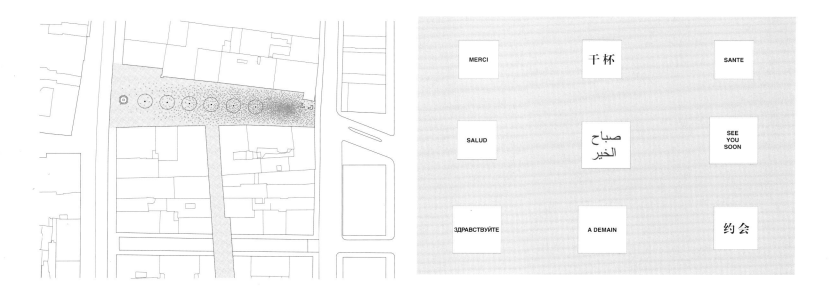

MERCI　　干杯　　SANTE

SALUD　　صباح الخير　　SEE YOU SOON

ЗДРАВСТВУЙТЕ　　A DEMAIN　　约会

CAFE DU CENTRE　　CAFE DU CENTRE

222号南滨河广场与散步道翻新项目

设计单位：VOA建筑师事务所
竣工时间：2010年
项目地点：伊利诺斯州芝加哥
项目面积：11 148 m²

　　滨河大道之前曾是在世纪之交时建成的一条临近河畔的高架路，横跨联合太平洋铁路公司的上方，紧邻20世纪60年代初的车辆交通。在该项目实施之前，人们自滨河大道建造起就很少留意它的结构。如今，222号南滨河广场坐落在亚当斯街与杰克逊大街以及芝加哥河和坚尼街之间。滨河大厦是很多乘坐位于大厦底下的美国铁路公司线路往返芝加哥市的上班族们进入芝加哥市的主要入口。VOA建筑师事务所接到的任务是，在不破坏铁路运输路线或铁路上方路面基层用途的前提下，重新改造大厦和高架路的不合格结构。

　　这一期的项目明确了拆除现有大厦所需的工作，并为新大厦进行了加铺设计。设计中新增了防水和排水系统，以解决大厦已经存在的渗水问题。开发了新的大厦和景观设计，覆盖整个新增的铺层结构混凝土板块。将新的材料、抛光剂、植被选择、照明设施和其他建筑元素融合在一起，以鼓励公众对大厦的使用。

　　VOA建筑师事务所提供了各种各样的设计方案，并探索了每个方案的优缺点。每个方案都改善了大厦的公共设施和流通性，同时增强了项目形象，提高了行人的体验质量。设计团队试图充分利用滨河空间突出的优势，同时改善滨河区的可见性、安全性和用途。该座大厦为芝加哥建筑密度较大的河流两岸创造了一处特别的绿色空间。自大厦完工后，这里已经变成了一处主要的"人的空间"，吸引着往返芝加哥市的上班族们和午餐时间拥挤的人群来到这里，享受该处秀丽的河畔风光和令人凉爽的微风，并观察形形色色的路人。

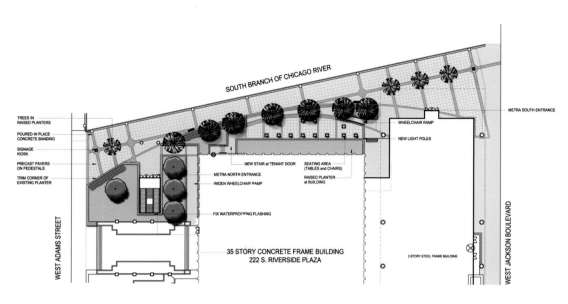

SOUTH BRANCH OF CHICAGO RIVER

TREES IN
RAISED PLANTERS

POURED IN PLACE
CONCRETE BANDING

SIGNAGE
KIOSK

PRECAST PAVERS
ON PEDESTALS

TRIM CORNER OF
EXISTING PLANTER

METRA NORTH ENTRANCE

WIDEN WHEELCHAIR RAMP

FIX WATERPROOFING FLASHING

NEW STAIR at TENANT DOOR

SEATING AREA
(TABLES and CHAIRS)

RAISED PLANTER
at BUILDING

WHEELCHAIR RAMP

NEW LIGHT POLES

METRA SOUTH ENTRANCE

WEST ADAMS STREET

WEST JACKSON BOULEVARD

35 STORY CONCRETE FRAME BUILDING
222 S. RIVERSIDE PLAZA

3 STORY STEEL FRAME BUILDING

总平面图

教堂之间

设计单位：阿尔贝托·坎普·巴扎建筑师事务所
竣工时间：2009年
项目地点：西班牙加的斯市
项目面积：1 000 m²
摄 影 师：雅维尔·卡勒加斯

　　"教堂之间"项目试图在加的斯市（西方最古老的城市）历史上最显赫的地理位置上打造一座建筑元素。这块空地面向大海，位于老教堂和新教堂之间。

　　该项目的基本前提是遮蔽并保护一处考古挖掘遗迹。此外，新的平面将作为一处面向大海的基台，人们可以从这处升高的公共空间越过环路上穿梭的汽车，毫无阻碍地、清楚地看见海景。

　　因此，在考古挖掘遗迹上建立了一个白色的轻盈平台，人们可以从旁边的斜坡走上平台。在这一平台上，建造了一个巨大的树冠结构，供人们遮阳避雨。

　　平台的外形看上去像一艘船，通体都刷着白色，强调平台给人的轻盈印象。已铺路面的地区铺上了白色大理石。

　　地基的建造过程唤起了人们对船只的记忆。而凉棚的结构让人们想起了圣周游行时使用的华盖。

　　我们希望建造一座能够与这个美妙绝伦的地方相匹配的美丽建筑，希望它有资格成为加的斯集体回忆的一部分。

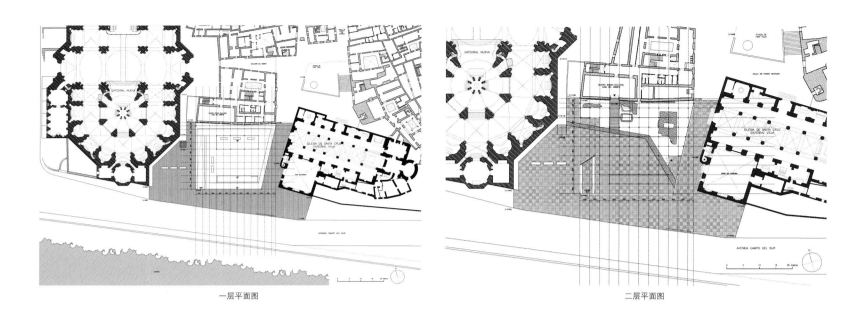

一层平面图   二层平面图

剖面图1

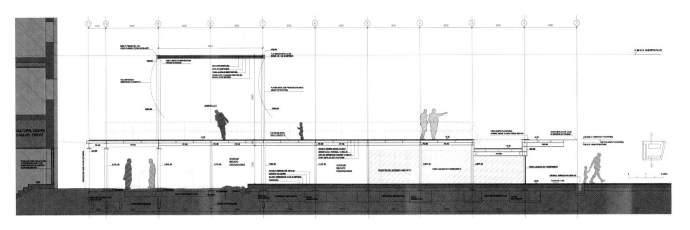

剖面图2

博物馆轴线科伦市场广场

设计单位：OKRA景观建筑师事务所
竣工时间：2012年
项目地点：比利时梅赫伦市
项目面积：3 300 m²
摄　　影：OKRA景观建筑师事务所

之前的状态

梅赫伦是一座中世纪建成的城市，距离布鲁塞尔大约30千米。在过去的十年内，市中心核心区域内公共空间的很多部分都重新进行了设计。其中一项工作就是重新改造布鲁塞尔哈莱门和圣朗姆波次大教堂之间的博物馆轴线。

项目目标

科伦市场广场是梅赫伦市最古老的广场，也是博物馆轴线的一部分。对市中心的改造是市理事会的一项带有政治目的的举措，他们为这个项目奋斗了很多年。理事会希望通过改造项目为市中心带来繁荣和新的创造性，并向所有人敞开怀抱。过去梅赫伦一直笼罩在偏狭之下。在很长一段时间内，公共空间一直被人们忽略，情况不容乐观。从这一方面来看，科伦市场广场是一项关键项目，是梅赫伦市民举行联谊会和饮酒会的广场。

项目描述

广场坐落在一处临近小河的山坡上。为了突出其海拔高度，我们采用了楼梯的形状。我们引入了大量茂密的植被和树木。夜晚的时候，广场笼罩在朦胧的灯光中。面向广场的古老市政厅的前门也被照亮。

项目评估

重新规划的广场因其呈现的不同特色而深受梅赫伦市民的喜爱。

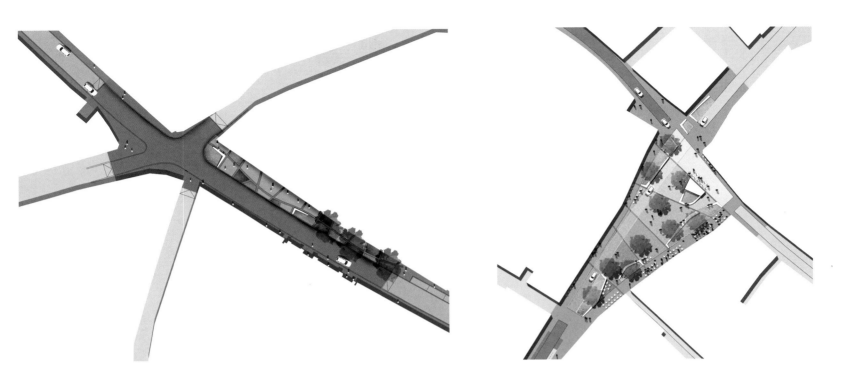

代勒河
鲁汶代勒运河
滨水区
餐厅
公园
广场
购物街
城市大道
城市交通
居住区街道
居住区公路
小巷

安妮特·托默森广场

设计单位：博尔贝克与林德海姆景观建筑师事务所
竣工时间：2010年
项目地点：挪威奥斯陆市
项目面积：2 600m²
摄　　影：博尔贝壳与林德海姆景观建筑师事务所

　　安妮特·托默森广场根据挪威保护申请者权益组织（NOAS）首任领导人的名字命名。该名字刻在朝向施维加尔德斯加特大街的广场花岗岩路堤上，每个字母均为一米高。人们将她与多元文化和多彩社会联系起来，广场花岗岩路堤上和中央照明柱杆上都镶有多个色带，以巧妙地提醒人们她在挪威社会中的地位。

　　人行天桥横跨奥斯陆中央火车站的铁轨，其终点位于安妮特·托默森广场处。该天桥是市中心东面和比约维卡区新近改造的滨水区之间的主要人行通道。天桥的出口处在第三个高度层面上，行人可以通过斜坡、楼梯或电梯下到广场里。

　　广场的形状经过设计，以发挥其作为大量人员流动场所以及具有魅力的会面场所的功能。

　　广场所在区域各处的高度各不相同，经过设计开发，一共形成了三个不同的层面。可以通过楼梯、电梯或一段优雅的环绕周围建筑外墙的长斜坡从天桥进入广场。从楼梯和斜坡可以看见广场和广场区域外的所有景色，为行人指明路线，并向人们展示广场的底层构成。

　　广场地面由三大菱形元素构成，分别是路堤内侧的草坪、与楼梯和斜坡底部相连的浅灰色花岗岩地砖以及户外咖啡馆就坐区域内使用的颜色较深的花岗岩地砖。大块花岗岩制成的长椅中间还镶嵌着一些由木板制成的座位，让人们有充分的空间坐下休息或与人会面。

　　人们从广场可以看见奥斯陆中央火车站、铁轨和一排新建的建筑。整个广场全天都被阳光照射，使其成为一个引人注目的社交场所。晚上的时候，广场由四盏安装在直角灯杆上的探照灯照亮，镶嵌在花岗岩地砖中向上照射的灯光辅助广场的照明。

沿着税务局大厦前面的户外咖啡馆种植了一排银色橡树。当这些橡树完全长成时，在大量建筑中会起到调节作用，同时为广场提供一个不同规模的边框。沿着施维特盖特大街，在路堤的前面种植了三棵西洋栗树。西洋栗树庞大的树冠不仅可以为草坪提供树荫，还可以充当风缓冲区，最重要的是，它们还可以为绿色街道做贡献。

广场拥有多个入口，各坡道的坡度都很小（不超过1:20）。人们可以通过楼梯、电梯或斜坡进入人行天桥。人们还可以从多个通道进入广场周围的三个自行车停车处。

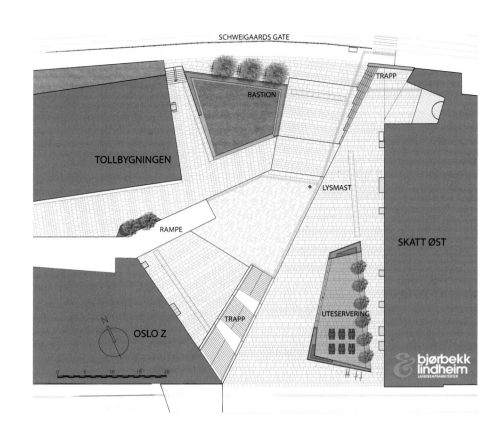

annette thommessens plass

Schweigaards gate 15

POLITI →
Utlendingsenhetet

TOP ONE 景观 II

庭院景观

Baan Sansuk住宅区

设计单位：TROP工作室
竣工时间：2010年
项目地点：泰国华欣市
项目面积：约11 613 m²
摄 影 师：帕塔拉波尔·约尔姆汗根、
　　　　　波克·考布孔桑蒂、维森·唐森亚

　　本住宅项目位于泰国优美的海滨城市华欣市。

　　项目用地是一块呈类似面条状的狭长地块，其较窄的一面与海滩相连。地块两侧设有两排建筑，中间留出一个狭长的空间。

　　一般来说，除了面朝海滩的那些单元，大多数单元都不是海景房，而是朝向对面的单元。

　　我们首先做的就是将"景观"引入住宅内部。"景观"这一灵感其实来自该项目独特的场地条件。

　　在泰语里，华欣意为"石头脑袋"，这个名字起源于海滩里自然形成的卵石。

　　因此，我们建议从大厅到海滩修建长达230米的一系列水池。

　　这些水池被分为功能不同的几个部分，如反射池、儿童池、过渡池、极可意池和主池等。

　　在某些特定区域，我们战略性地布置了一些天然卵石以模仿当地著名的海滩。

　　该设计方案成功实现了令人叹为观止的水景，贯穿整个区域，并且拥有不同的特点。

　　这些水池不仅仅提供纯粹的视觉享受，家庭成员们还可以在此游泳。

来宝立方体

设计单位：TROP工作室
竣工时间：2009年
项目地点：泰国曼谷市
项目面积：约86 300 m²，景观约51 222 m²
摄影师：波克·考布孔桑蒂

　　"来宝立方体"项目是我们首批项目中的一个景观项目。

　　客户要求我们首先设计他们的销售处。项目用地的面积非常小，而且我们拥有的景观建设预算也十分有限。然而，来宝集团是一个非常有趣的客户，他们为设计提供大力支持和鼓励，只要某个新事物足够好和有趣，他们都愿意尝试。

　　由于项目预算有限，我们对材料基本上没有太多的选择空间。因此，我们搜集了一些可以承担得起的材料，并想方设法使它们看起来更加有趣。

　　我们的设计理念源自纸质拼贴画。不同的是我们没有采用彩纸，而是采用具有不同颜色的不同材料。我们选择了混凝土、岩石、草坪、一些灌木以及符合我们"颜色"定义的其他材料。

　　首先，我们将这些材料组成一幅较美观的二维图，就像一幅油画；然后我们又通过在不同地方抬高一些设计使之呈现出三维立体感。其中一些被用做通往销售处的主要台阶，还有一些则成为公园内的景观元素。这样，我们利用非常少的预算将一个花园成功打造成一个有趣的绿化空间。

　　由于这个地方正好位于该区的主交通交叉点，当地居民和行人都十分喜欢我们的项目。绿色景观帮助人们在周边区域拥挤的交通中得到一丝放松。

　　对于这个项目的顾客来说，大多数是年轻的专业人士，他们也很欣赏公园的别致景观。

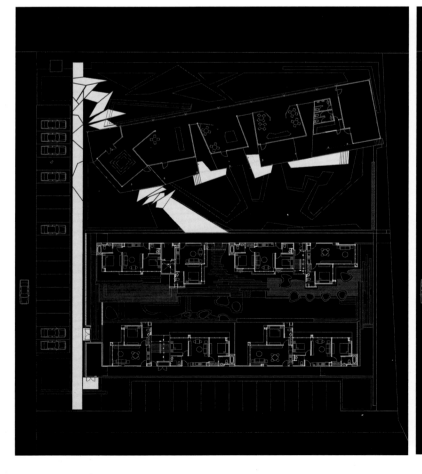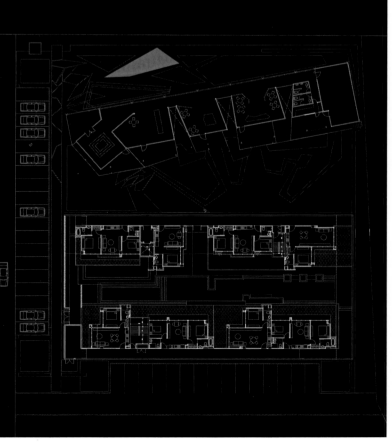

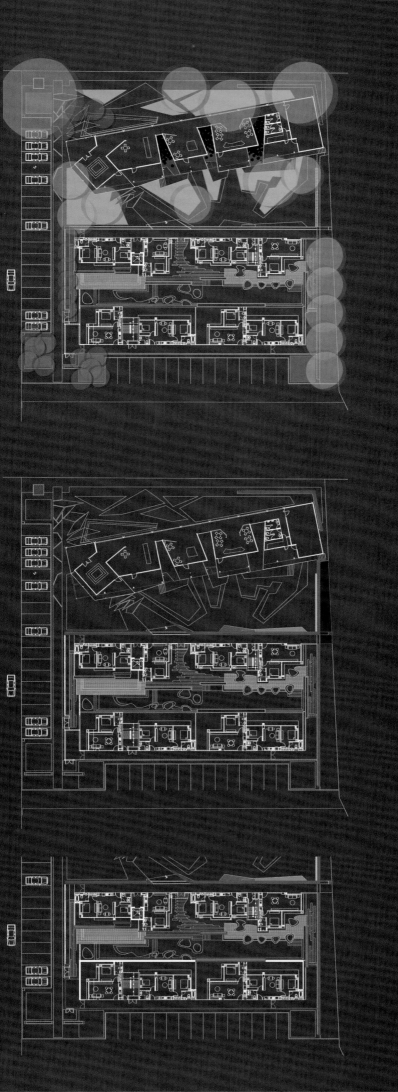

普莱维豪华公寓

设计单位：TROP工作室
竣工时间：2010年
项目地点：泰国曼谷市
底层面积：1 144 m²
14楼面积：760 m²
摄 影 师：查尔里特·查塔尔萨、波克·考布孔桑蒂

　　普莱维豪华公寓是曼谷黄金区域内的一个豪华公寓。

　　我们的目标群体是四十岁以上的成功人士，因此设计风格必须简洁而优雅。

　　TROP工作室的设计范围包括底层花园和屋顶游泳池。

　　对于底层花园的设计，Sansiri要求我们修建一面墙壁，将大厅与公共空间隔离开，但是我们发现这个区域的面积有点小。

　　我们没有采用实墙，因为实墙将使该区域看起来更加拥挤，因此推荐了一面定制的雕塑墙壁。这面墙由一系列雕刻式圆柱组成，两根圆柱之间都留有一些空间。这样不但可以实现良好的通风效果，而且自然光能够以更加有趣的方式被引入室内。

　　基于圆柱的设计基础，我们战略性地在此修建了一个水池，以使这里的景观更加美丽。起初，设计师提出的水池设计方案是在屋顶正中央修建一个小型矩形水池。由于我们在这方面有很好的主意，所以我们建议他们修建一个L形水池，并将其建在建筑的边缘而不是正中央。

　　我们的设计为顾客提供了曼谷最美的景观之一。我们设计了水池露台，并且将露台分割成多个部分。这样，人们就无法一次性看遍整个花园，必须来回参观一番才能亲自发现花园角落里隐藏的优美景观。

　　屋顶上为人们设计了多样化的空间功能，大家可以自由使用，互不相扰。

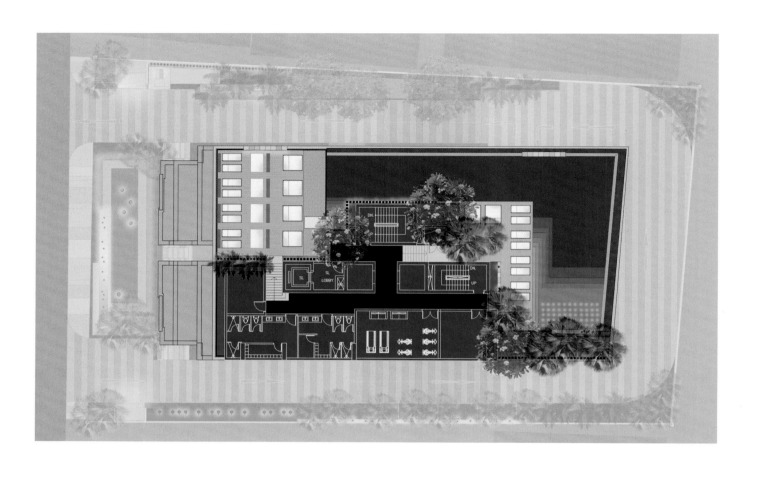

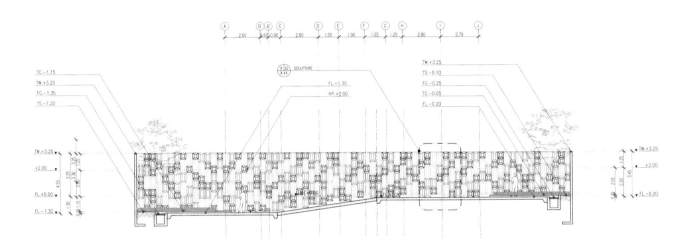

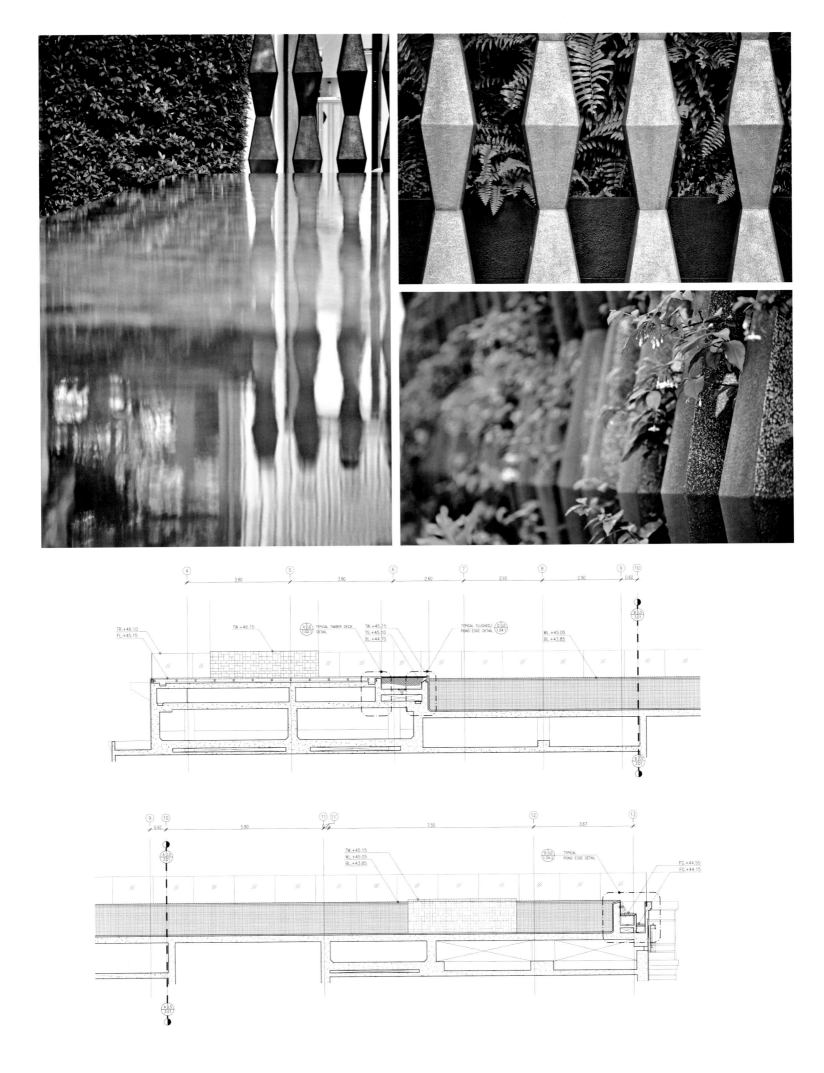

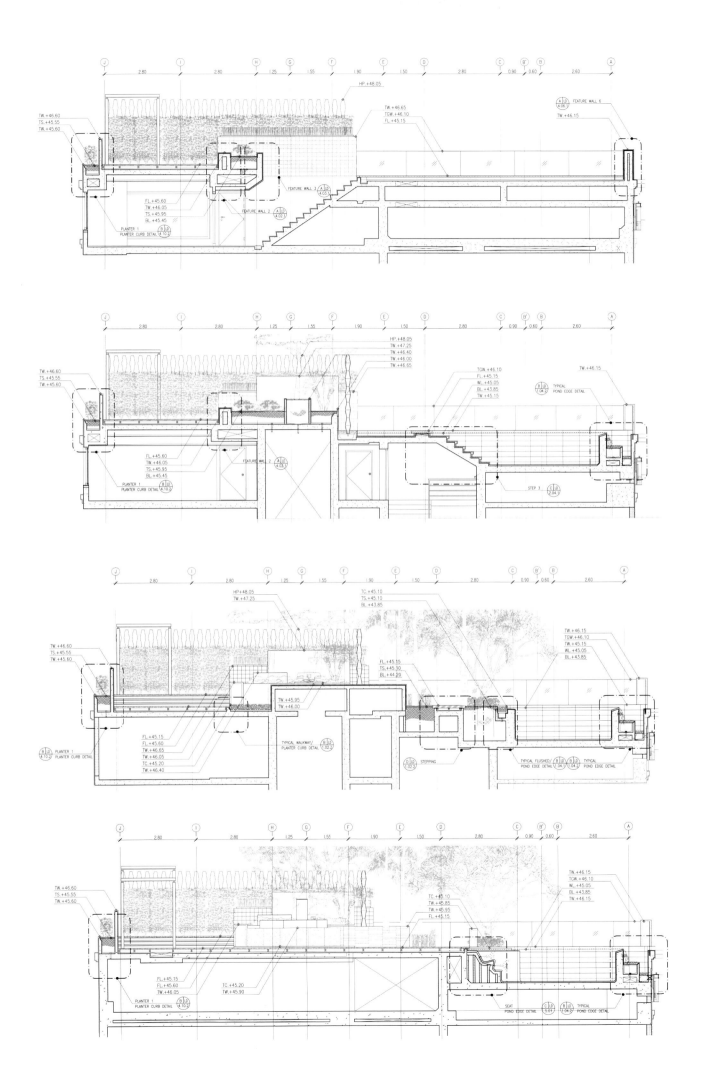

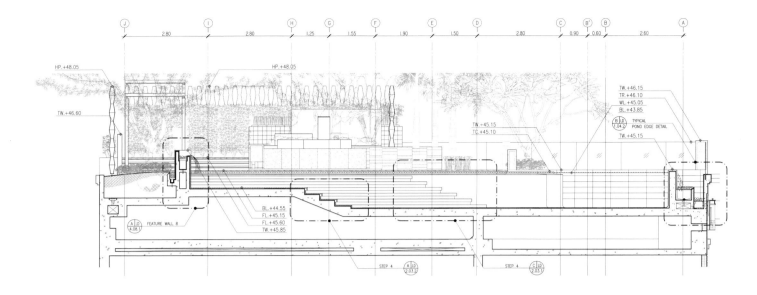

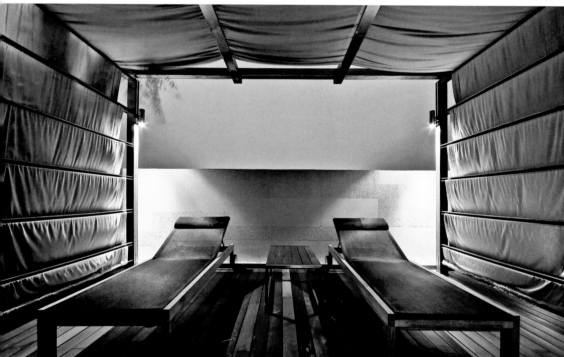

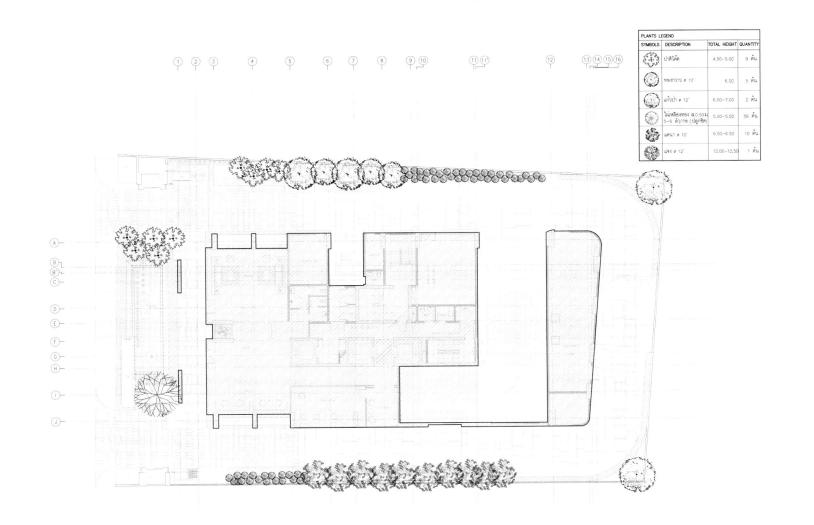

川园记忆花园

设计单位：德赛·齐亚建筑事务所
项目时间：2006—2009年
项目地点：中国台湾台中市
项目面积：929 m²
摄影师：卡特里娜·齐亚

　　这个花园被规划成东海大学女生们聚集的场所，在这里女生们可以在学术氛围下开始制订她们的目标并且编织自己的梦想。

　　作为文科教育的一部分，花园的设计是对令人惊讶的交织物的隐喻，暗示了人与人之间极强的关系。花园中自然与人工元素交织在一起，它们重叠、环环相扣，创造出优雅的庭院。穿过花园的小路有时成为学生们坐下来吃饭或研究的长条桌；石铺路与该地的植物交织在一起。这个"相互交织"的花园象征着东海大学的教育经验——一个丰富的、交织的知识网络，鼓舞人心的教学和终身的友谊。

　　八棵樱花树形成了一个小树林，其周围是花园的休息区。一处很长的水景从花园西侧的坡面延伸至食堂。水沿着石头流了下来，激起了波纹，像一首诗，就像这个花园的名字一样。诗歌涤荡着篇章，而水净化了诗句中的悲伤和迷茫；水从一条小路下穿过，向下延伸到一条很长的河道中去，那里底层铺满了鹅卵石。8条细水柱升起又落入水道中，标志着食堂的主要道路，同时也代表了一个不断更新的、精神的后花园。

　　到了晚上，灯光巧妙地照亮着空间，创造出一种优雅的灯光效果，遍布这个花园。树冠将被点亮，每个喷水嘴也将发出光亮。小路上的嵌入式灯具引领学生们穿过花园到达他们的目的地。

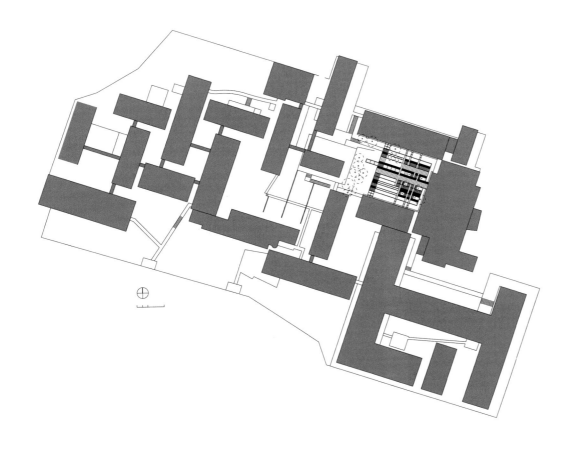

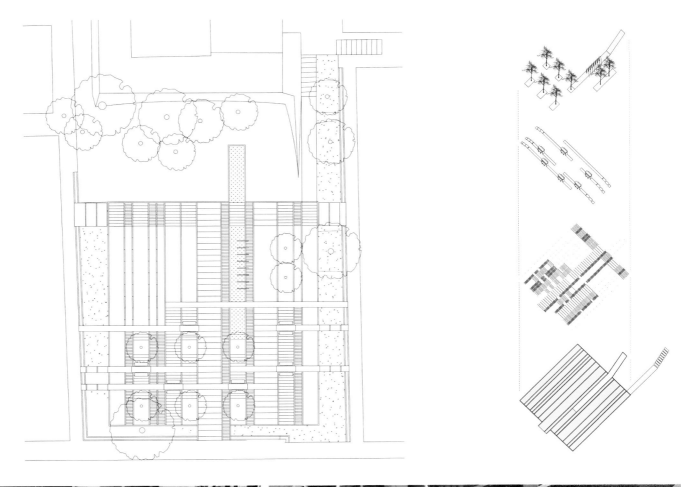

维尔纽斯别墅英式花园

设计单位：格拉瑟尔与达根巴赫园林景观建筑师事务所
竣工时间：2009年
项目地点：立陶宛维尔纽斯市
设 计 师：尤多·达根巴赫
项目面积：1 700 m²
摄 影 师：尤多·达根巴赫

立陶宛维尔纽斯树林中的极简抽象艺术派花园

2008年，我们受托为坐落在立陶宛首都维尔纽斯附近的一片松树林中现代主义风格的别墅设计一个花园。花园中的建筑和周边结构均由汉堡市的HKT建筑师事务所的建筑师阿尔弗里达·特里莫尼斯设计完成。

业主喜欢我们的雕塑设计方案，并希望我们能够使用极简抽象派艺术方式来设计花园。

整个地块的特殊环境气氛源于以下两个元素：水平方向上修剪整齐的草坪和垂直方向上高大的松树。这两种元素成功营造了一种十分接近日式花园主题的低沉冥想氛围。落地窗的使用使得这个别墅仿佛被吸进树林，这样总能在房内欣赏到花园或者树林的美丽一角。

设计师们在户外的一条木制小路上挖了一个矩形洞，用来放置一个占花园用地最少的立方体雕塑：一半是侏罗纪大理石，另一半是剪紫杉。在草坪里的一个黄杨立方体内设计师们放置了一个带有很多圆形缺口的球形黄铜回缩盘——晚上从内部点亮的时候，就像满是繁星的夜空。

在别墅的后面，设计师们在垂直松树之间的草坪上修建了一个球状雕塑，并在此打造了一个球形花园。其中三分之一采用侏罗纪大理石装饰，剩下的三分之二还是用修剪过的紫杉进行装饰。

花园靠近卧室的其他部分被设计成日式干燥景观花园，使用碎石、辉绿岩石、由日本运来的年龄长达九十年的紫杉盆栽和不规则修剪的黄杨等。

在日式花园的轴线上，还摆放了一个铁饼状雕塑。这次我们希望有一个仿佛脱离重力束缚的花园元素。这就是为什么我们采用腾空的侏罗纪大理石修建了一个顶部直径达1.4米的铁饼。

在红豆杉下种植了细叶榕，从而使铁饼的完整形状清晰可见。

铁饼由不锈钢支柱支撑，形状酷似锚在铁饼轴线外混凝土中的鹳脚。

石材和紫杉由黄铜圆盘连接在一起，形成一个符号元素。

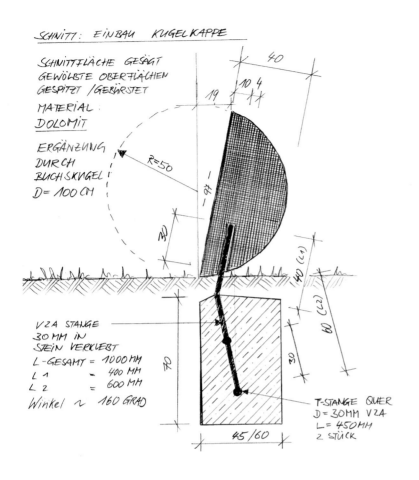

SCHNITT: EINBAU KUGELKAPPE

SCHNITTFLÄCHE GESÄGT
GEWÖLBTE OBERFLÄCHEN
GESPITZT / GEBÜRSTET
MATERIAL:
DOLOMIT

ERGÄNZUNG
DURCH
BUCHSKUGEL
D= 100 CM

R=50

40
19   10 4

VZA STANGE
30 MM IN
STEIN VERKLEBT
L-GESAMT = 1000 MM
L 1   = 400 MM
L 2   = 600 MM
Winkel ~ 160 GRAD

70

30

40 (L1)
60 (L2)

45/60

T-STANGE QUER
D = 30MM VZA
L = 450MM
2 STÜCK

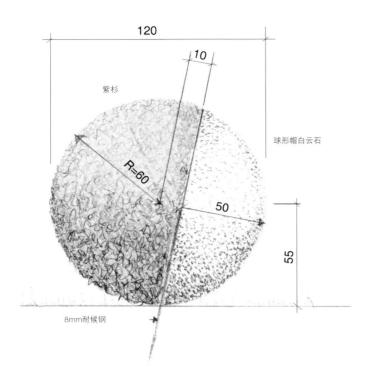

120

10

紫杉

球形帽白云石

R=60

50

55

8mm耐候钢

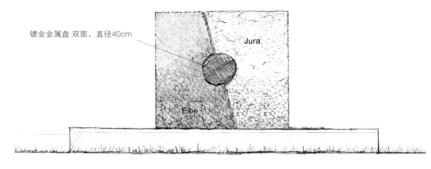

镀金金属盘 双面，直径40cm

Jura

Eibe

Jura

私人植物园

设计单位：Ecocentrix景观建筑事务所
竣工时间：2002年
项目面积：8 094 m²
摄 影 师：约翰·菲尔德曼

  这个占地0.8公顷的私人植物园沿山而建，高悬在太平洋的上方。帕洛斯弗迪斯半岛风景秀丽，完全可以代表整个圣塔莫妮卡海湾。该半岛以其朝向北方马里布的非凡景观而著称。在晴朗的天气里，这些风景在周边64千米范围内清晰可见。在这里还可以俯瞰历史悠久的马拉加湾住宅区的红色陶土瓦房顶。

  这里曾是荒石遍野的山坡，如今已被改造成精美富饶的私人植物园。我们的目标是使公园看起来像是已经存在多年，并且呈现出一种田园雅色般的景观。在公园里栽种了成千上万的植物和树木，铺建通幽曲径，还设计了让人叹为观止的园林景观。从当地开采的石头被用来修建两堵30米长的倾斜墙；15米长的大环形泳池与天际相接、与海洋对望；人行路蜿蜒在加利福尼亚早期拓荒者留下的车痕上。

  太平洋风景与植物园景观同样令人心潮澎湃，我们希望能为两者的和谐融合寻找一种有意义的连接。沿着公园45米海拔高度的有利地势，我们修建了一些可供顾客阅读晨报和享受咖啡的私人处所。不管是正式的座椅，还是天然大卵石，亦或是我们从北加利福尼亚移植来的古老橄榄树的强壮树枝，这里有各种阳光明媚、温暖清爽的休憩之地。

  水将公园与蓝天碧海完美融合在一起。从天空、太平洋到宽阔的水池，水将毫不造作地融合在随天气不断变幻的忧郁的蓝色色调当中。

  植物园各部分的设计灵感来自顾客对多姿多彩的当地园林的共同兴趣。我们集大成地将林地公园、普罗旺斯公园、日本禅园、仙人掌公园、肉质多汁植物园、加利福尼亚本地花园和一些其他的洲际浅水植物群的特点，精心地融入本园林的设计中。我们还在这个山坡综合项目中种植了许多成熟的大树。

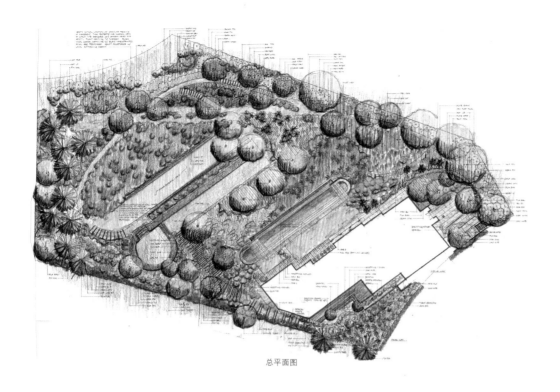

总平面图

芽庄潜水俱乐部

设计单位：陆地雕刻师工作室有限公司与凯兹有限公司
竣工时间：2011年
项目地点：越南芽庄市
设 计 师：博尔特·马希提·万格鲁查塔纳、冯·禅·泽森
项目面积：2 400 m²
摄 影 师：Hiroyuki Oki

　　芽庄是越南旅游名城之一，帆船俱乐部正坐落于芽庄旅游区
正中心的芽庄海滩。至美长滩、绚烂日出使这里蜚声海外。饭店
主人是我们的澳大利亚客户。1994年时，这里还是背包客吧，自
他接手以来，辗转变迁，如今这儿已然是城里最负盛名的消遣之
地。从那时起，热带风光、乡村情调、华丽奢侈三体合一的帆船
俱乐部成为天下闻名的高等沙滩酒吧饭店。

　　帆船俱乐部从未止步不前，而我们的任务就是将这里升级，
把它打造得更现代、更流行，与此同时还可以解决俱乐部面临的
一些问题。

　　帆船俱乐部主要由两部分构成，临海滨地带和一个内部院
落。俱乐部的临海空间有限（只有大约30米长），因为游客对海
滨景观情有独钟，所以内院部分常被游人忽略，这点十分可惜。
由于内院占较大区域，因此游客的海滨情结让俱乐部在收益上大
大受损。解决此问题是工程的重中之重，也是我们的设计热情所
在：打造魅力内院区，让游客留恋其中。

　　俱乐部主入口处也有问题亟待解决。由于大部分游客骑摩托
车，再加上主入口处的设计不够吸人眼球，一些游客喜欢直接从
摩托车停车场入口进入俱乐部，根本不使用主入口，所以我们决
定封闭停车场入口，强迫游客从主入口进入。这样一来，主入口
人流会大幅增加，更能吸引路过的行人。现存椰子树有助于在入
口和俱乐部之间形成狭长的街景。我们把入口移到中央处，还在
内院中间设计了景观，这样一来游客就会先看到内院景观再看到
远处的海。

　　我们的首选是倒影池，这样做并非是要和海滩媲美，而是为
了在内院区营造一种不同的氛围，增加吸引力。白天，倒影池可以
让俱乐部看起来更富现代感；晚上，根据客户建议，倒影池可以变
身五彩池，使俱乐部更加光鲜亮丽，营造一种如梦如幻之感。

其次，由于现有建筑物无法移动，我们便把它打造成极具现代感的沙滩帐篷屋，现在这里是迷你户外酒吧，人们可以在此就餐，一堵波浪状的木质景观影壁墙把内院和管理区隔开。倒影池另一侧也增设了家庭式休闲室和帐篷屋。我们的设计理念是舒适至上，让客人流连忘返，所以我们还增设了十分舒适的躺椅、沙发和休息室。

内庭的设计理念是尽可能简约但必须五脏俱全。在保留帆船俱乐部主基调的基础上，我们将其雕琢得更现代、更时尚。对人行道、屋顶结构、帐篷屋加以设计，对家具精挑细选，增设波浪状影壁墙，这一切都糅合了乡土气息与热带雨林风格。

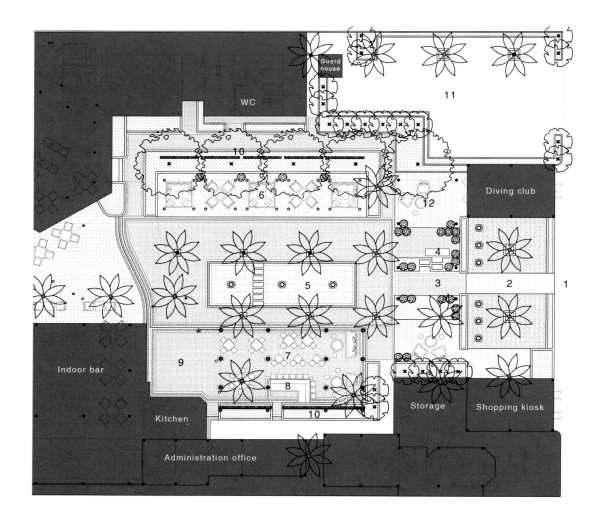

Guard house

WC

11

10

Diving club

6

12

4

3

2

1

5

Indoor bar

9

7

8

10

Kitchen

Storage

Shopping kiosk

Administration office

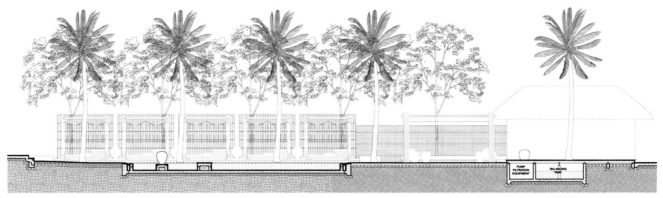

纵向截面图

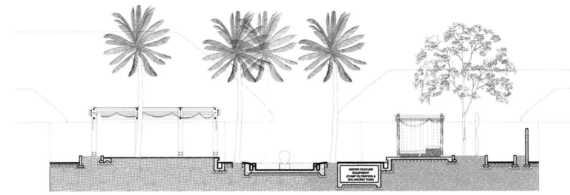

横向截面图

莱特尔庭院

设计单位：阿奴克·德巴尔景观建筑师事务所、
　　　　　马丁·杜普兰蒂尔建筑师事务所、
　　　　　永·安东·奥拉诺灯光设计事务所
竣工时间：2012年
项目地点：法国波尔多市
项目面积：1 900 m² 混凝土、450 m² 绿化带
摄 影 师：亚瑟·佩奎恩

　　该项目旨在将这些庭院打造成为一个互动空间网络，并且
成为城市空间的一部分：众多设施（博物馆、咖啡馆和圆形剧场
等）为广场中心注入了无限活力，并且进一步增加了该区域的城
市价值。新添加的众多绿化植被为空间提供了荫凉、勾勒出小路
的轮廓并且有效阻隔了废气、噪声以及灯光进入该空间，成功为
现有硬质景观注入了人性化元素。

　　这种设计在炎热的夏季还能够提供更多舒适的内部空间，以
对抗城市热岛效应。

　　在平面布局方面，开放式中心和边缘较私密的空间之间设有
特定的层次划分。这种空间可以用于大学校园的众多活动，包括
阳光下的午餐、与同事和教授见面以及举办节日庆典等。

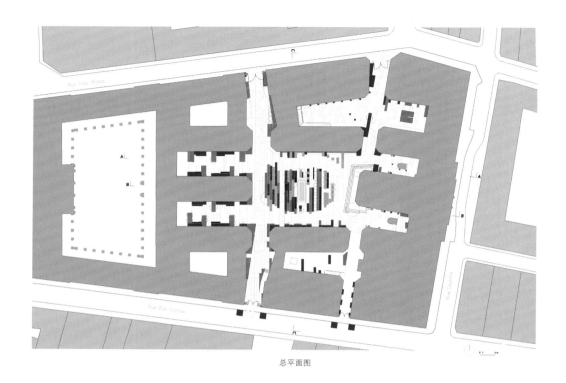

总平面图

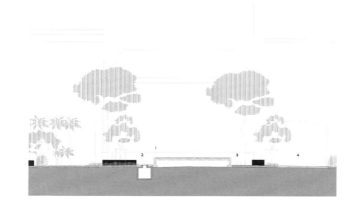

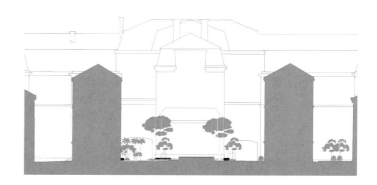

葡萄牙康普尔塔住宅

设计单位：宫萨罗·萨拉扎尔·德·索扎建筑师事务所
景观设计：托匹亚里斯景观设计事务所
竣工时间：2012年
项目地址：葡萄牙康普尔塔市
项目面积：146 m²
摄 影 师：乔奥·摩尔加多

　　该住宅坐落在之前的建筑之上，因此我们必须考虑建筑施工的区域和地面情况。考虑到现有建筑低劣的施工质量和客户提供的新规划，我们决定彻底拆除现有的住宅。

　　该项目位于葡萄牙康普尔塔，这里是一处临近大海的稻田保护区，区域内有几座当地人拥有的带有金属、纤维水泥或茅草屋顶的小型简易建筑。

　　我们利用了住宅附近的光线和户外空间，建造一个适于沉思和与自然交流的环境。靠近起居室窗户的门廊上铺有茅草，为住宅提供遮阴空间。这样一来，人们经过从起居室到户外空间的这段路程时，会感到十分舒服。

　　住宅内部体现了休闲生活的格调，没有设置流通区域。住宅屋内设有一排小隔间。起居室是住宅的核心区域，将主要套间和住宅的其他部分隔开，为人们提供更大的亲密空间和更多的舒适感。房屋的一端是厨房，面向起居室；另一端是壁炉，用考顿钢做了一个简易的开口。

　　利用天花板和西南向斜面屋顶之前的空间，我们创造了一个多用途空间，既可以作为卧室，又可以作为起居室。这是因为房屋的几何学结构形成一块突出的带有私密环境的空间。

　　住宅内的装修十分简单，富有抽象艺术感，这样做的目的是为了日后的维护工作着想。住宅内外都以白色为主，使住宅看上去十分光亮，让人们一眼就看到已创造的空间。地面铺有平滑的水泥，上面涂有灰色环氧涂料，与白色的墙壁和天花板形成鲜明对比。

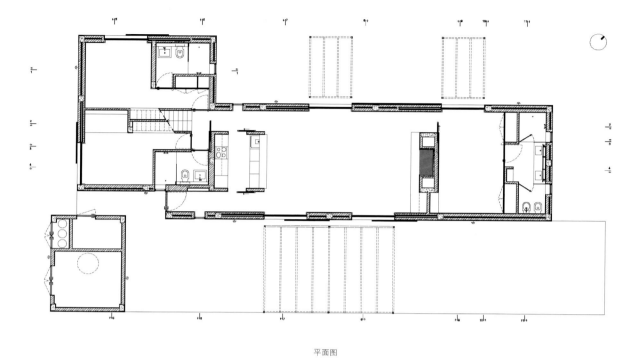

平面图

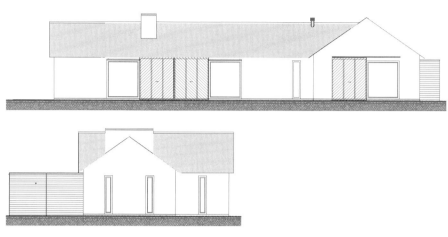

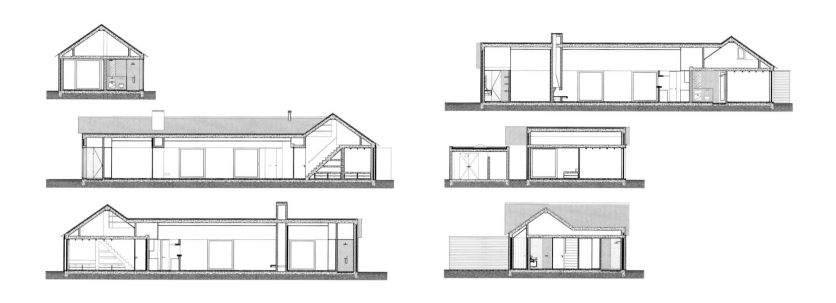

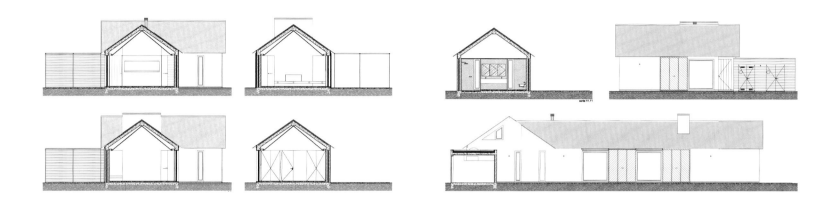

wNw咖啡馆

设计单位：VO TRONG NGHIA（主建筑师）+坂田稔
　　　　　+OHARA HISANORI+NGUYEN HOA HIEP
项目地点：越南平阳市
摄影师：Hiroyuki Oki、Dinh Thu Thuy

　　众所周知，越南人对竹子非常了解。竹子可以用做多种用途，例如作为建筑材料、装饰材料、手工艺品或膳食材料等。在wNw咖啡馆项目中，人们再次发现了竹子的魅力，拥有友好和善却魅力非凡的特点。

　　wNw咖啡馆使用了当地传统的建筑特色，为人们打造了一个逃离周围嘈杂的城市生活的好去处。

　　该项目利用了气动设计原理。设计咖啡馆时，利用计算机模拟研究气流以及水流的降温能力。这些研究工作可以减少空调系统的耗电量，并降低建筑本身的能量消耗。

　　整个建筑由7千根竹子建成。这些竹子经过越南传统方法进行处理。竹子结构中不存在混凝土立柱，但是使用了拉锁支架。V形屋顶将建筑与周围的树木联系起来，并打造出一个开发空间，人们从这里可以欣赏到令人惊叹的风景。

　　咖啡馆的四周环绕着人工湖。湖水拉近了游客和周围环境之间的距离。人们的第一印象是觉得这些人工湖都很深，而实际上它们的深度才刚刚达到膝盖处。湖里的黑色石头和弯曲的湖底造成湖水很深的假象。客人们可以一边品尝咖啡，一边享受回归自然和平静生活的感觉。

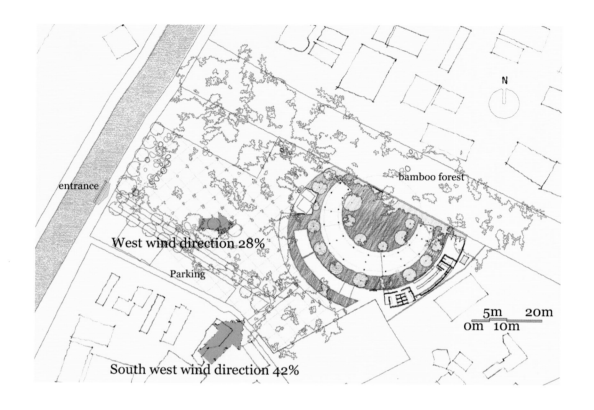

entrance

bamboo forest

West wind direction 28%

Parking

South west wind direction 42%

N

5m   20m
0m 10m

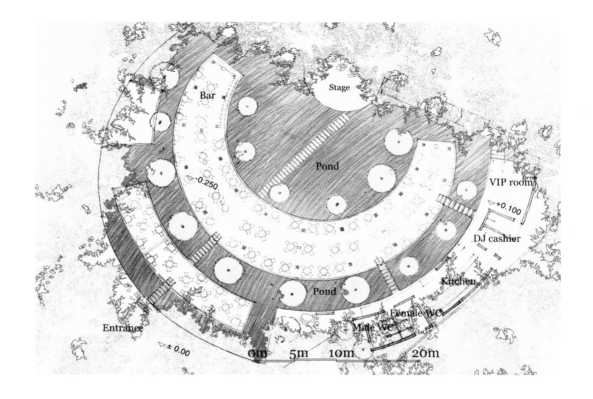

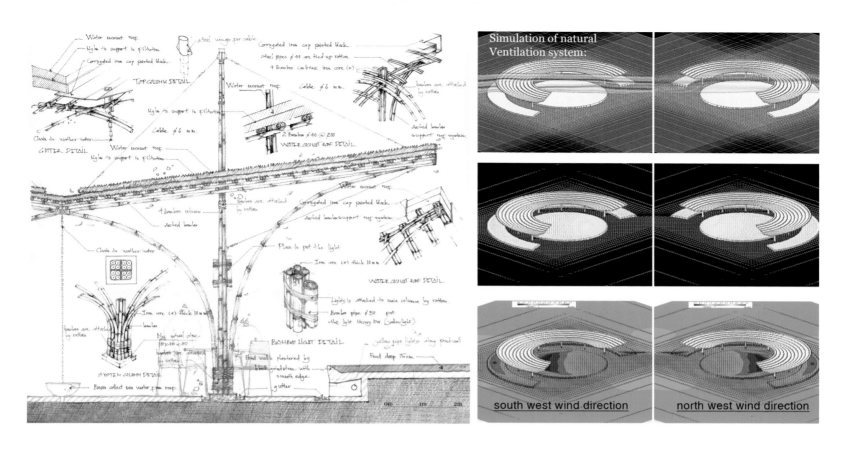

Simulation of natural Ventilation system:

south west wind direction

north west wind direction

立面图

莱西住宅或莱西花园

设计单位：约翰·道格拉斯建筑师事务所
设 计 师：约翰·道格拉斯
项目地点：美国亚利桑那州菲尼克斯市
项目面积：790 m²
摄 影 师：约翰·道格拉斯

　　此次改建项目的目标是保护并改善原始建筑上由拉尔夫·哈沃创造的空间特性。该项目很少改变原始建筑。在屋子的后面新增了几处建筑，以提高屋子的可居住性。但是，该处的现有特色被完全抹除，以便为景观建筑师创造一个完全空白的板块。

　　为室外生活空间保留了主要的视觉优化设施。由有色树脂制成的富丽的半透明墙体通过将光线反射到新建池塘的表面，打造出一个梦幻仙境。新的钢制顶棚遮盖着后院的远端。顶棚里还安装了冷却扇、阅读灯和室外淋浴设备。

　　景观建筑师从着地点开始为现有的所有景观、种植物做规划，并决定哪些东西需要拆除。设计目标是打造一个配得上原始建筑师现代主义意图的包裹型景观。

　　该项目就像在一个瓶子中造一条船，只有从街道处才能进入项目。这样一来，就激发了囊括主要景观元素在内的创造性思维。树脂板经过精心设计，在场地外建成。当人力无法起作用时，就可以使用起重机。

　　该项目还像是在浴缸中进行建筑施工，哈沃团队紧密合作，严密监督建造过程，防止发生任何不利情况。

　　但是，当该住宅最终对斯科茨代尔当代艺术博物馆赞助的现代家居之旅活动开放时，所有事项均顺利完成。

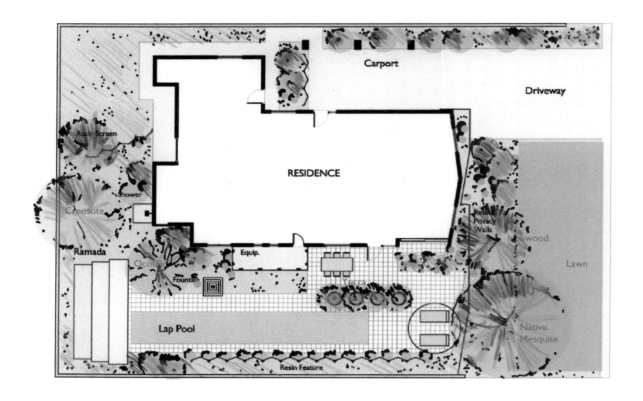

Carport

Driveway

RESIDENCE

Resin Screen

Shower

Creosote

Resin
Privacy
Walls

Ironwood

Ramada

Ocotillo

Equip.

Lawn

Fountain

Yucca

Native
Mesquite

Lap Pool

Resin Feature

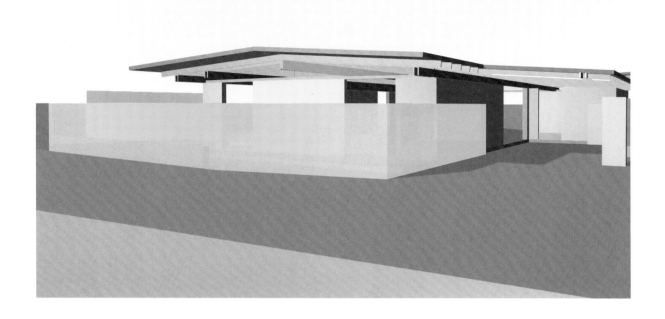

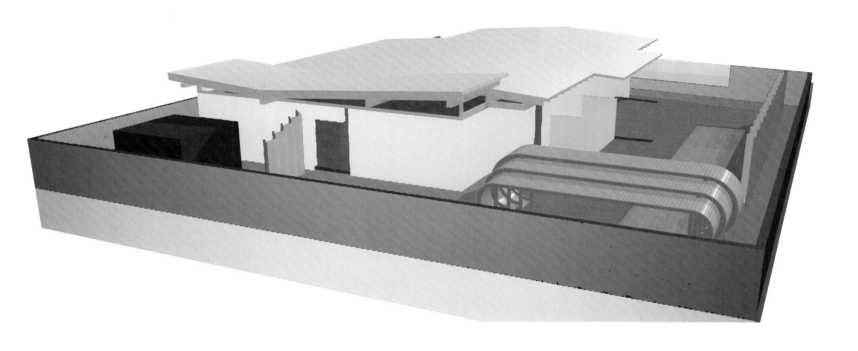

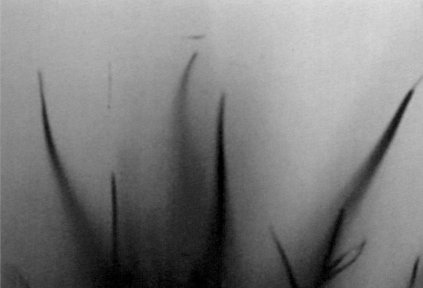